日常都市主义

日常都市主义

EVERYDAY URBANISM

[美] 约翰·雷顿·蔡斯　玛格丽特·克劳福德　约翰·卡利斯基　编
Edited by John Leighton Chase, Margaret Crawford, and John Kaliski
陈煊　译

目 录

引言

玛格丽特·克劳福德

可是我们无法抓住人类的本质。我们看不到它们在什么地方，也就是在这平凡的、熟悉的日常事物中。我们对人类的探索走得太远、太深。我们在浮云中或在神秘中寻找它，而它却在等待我们，充斥在我们生活的每一个角落。

——亨利·列斐伏尔（Henri Lefebvre），《相同的和其他的》（*The Same and the Other*）

日常都市主义意味着什么？日常（Everyday）与都市主义（Urbanism）这两个词汇，一个普通常见，一个晦涩难懂，两者结合在一起，为理解城市建立了一个新的角度。与城市设计、城市规划、城市研究、城市理论或其他专业术语不同，城市主义确定了一个广泛的讨论空间，将不同学科都融入城市的多层视角进行考虑。

城市是生生不息的，含有如此多相互重叠而矛盾的意义——审美的、认知的、物质的、社会的、政治的、经济的和经验的——以至于它们永远不能融合形成一个单一的理解。因此，城市主义本质上是一个有争议的领域。同时，这一术语始终回应着社会学家路易斯·沃斯（Louis Wirth）在其题为《城市主义作为一种生活方式》[1]的著名文章中所做出的表述。这个表述强调了不论对城市主义做何种定义，人类本身的经验都是最基本的方面。

"日常"就是普通的人类经验中的元素，其本身传达了许多复杂的含义。在常识层面，"日常"描述了城市居民共有的生活经验，是我们再熟悉不过的平常和普通的惯例，比如：通勤、工作、休闲、在城市街道和人行道上穿梭、购物、吃饭等。日常都市主义常通过具体事件得以呈现，在我们每日、每周以及每年的常规重复活动和环境中可以发现大量美妙的社会、空间以及美学意义，但它仍然很少成为建筑师和规划师的关注焦点。在这些非常日常的行为背后隐藏了由社会实践所建构的复杂领域——结合了具有时空特征的意外、欲望和习惯。

日常空间的概念描绘了日常公共活动的物质形式，常常存在于家庭、工作场所和机构这些已被界定并可以从物质上识别的领域中，与一连串的日常生活活动结合在一起。日常空间与大部分美国城市中很容易找到的那些经过精心规划、官方设定的，而又常未被充分利用的公共空间形成鲜明对比。那些巨大的公共空间只是偶尔打断更深刻、更绵亘的日常生活景观，这些景观往往是简单重复的，无处不在却又无迹可寻，显而易见却又被视而不见。日常空间就像所有的中间地带一样含糊，它代表着一个社会转型的区域，以及某种新的社会组成和想象力形式的可能性。[2]

在哲学和常识之间

即使城市日常空间看似无条理，不遵循任何概念或实际上的秩序，但亨利・列斐伏尔、居伊・德波（Guy Debord）和米歇尔・德・塞托（Michel de Certeau）所提出的日常生活理念仍然是理解城市丰富含义的基础。这三位法国理论家都在过去 10 年中先后过世，他们分别代表了马克思主义哲学家兼社会学家、先锋导演和潜在的革命者、人类学家兼史学家。他们是调查那些完全被忽视的日常生活经验领域的先驱，他们的工作界定了日常生活是体现现代文化与社会的舞台。在承认日常生活被压制的同时，他们三位每人都发现日常生活作为极具活力的反抗与释放力量的潜力。与过去 20 年间主导学术界与建筑评论界的法国哲学家们如雅克・德里达（Jacques Derrida）和米歇尔・福柯（Michel Foucault）相比，这三位理论家坚持将理论与社会实践联系起来，将思想与生活经验联系起来。亨利・列斐伏尔指出“当哲学家回归现实生活，从高度专业化的活动中抽离出来，从日常生活经验中提取出新的概念，他们从而赋予生活经验新的意义。”[3] 本书中，所有作者对日常生活的认识与上述三位哲学前辈的观点相近。

日常生活是重要的，这一信念引领了我们的工作。列斐伏尔坚信正是看似琐碎的日常生活构成了社会体验的所有基础，也是政治争论展开的真正范畴，他是第一位提出这一主张的哲学家。他把日常生活描述为“一个屏幕，社会将它的光与影、它的曲与直、它的强与弱都投射到这块屏幕上。”[4] 尽管列斐伏尔警告我们日常生活的本质具有模糊性，它难以被解读。作为分析这个难解概念的第一步，列斐伏尔对日常生活中两个同时存在的状态进行了区分：平凡和现代。平凡——一种永恒的、谦虚的、自然重复的生活节奏；现代——因物欲与科技产生的不断变化更新的习惯。[5] 围绕这个二元性，列斐伏尔构建了他对日常生活的分析，寻找过去被遗忘的潜在维度，努力挖掘仍存在于日常生活中深刻的人性要素。虽然大多数被列斐伏尔影响的城市主义者批评了现代模式对城市的负面影响[6]，我们仍积极地尝试将目光集中到二元论的另一方面，重现那些被隐藏在城市角落和缝隙中的平凡品质。从街道、人行道到空地、公园，从郊区到内城，我们在被忽视的边缘地带找到了这些要素的品质。

因此我们相信在定义城市时，生活经验应比物理形式更重要。这一视角与许多设计师和批评家相悖，他们认为日常空间在视觉中的无序是美国城市中各种各样错误中的一个代表。与列斐伏尔、德波和德・塞托一样，我们认为城市主义是一种人类语言和社会语言，城市首先是社会产品，脱胎于日常使用的需求和城市居民的社会斗争。要设计日常生活空间，必须先理解和接受在那里发生的生活。这种理解批判了那些基于抽象原则而建立的专业设计技术成果，不论是定量的、定性的、空间的或感知的。无论出于什么意图，专业的抽象手法都无法创作出真正与人类进步有关的空间。我们同意雷蒙德・莱德鲁特（Raymond Ledrut）的结论："当前的问题并不抽象，而是关乎城市和在城市中的现实生活。真正的任务不是美化城市或创造管理完善的城市，而是创建一种城市生活，其余都是次要的。"[7]

对于我们来说，城市真实生活的主要元素是差异的呈现。然而，列斐伏尔观察到，抽象的城市空间被所谓的设计所制造，其实质仅仅是大量复制而已。"它忽略了一切差异，包括来自自然和历史的差异，以及那些来自身体、年龄、性别和种族的差异。"[8]非常明显，空间变得日益均质而专业，生活被切分得非常单一。这在越来越通用且专业化的空间内是十分常见的，人们日常的经验被分割到不同领域中。尽管城市空间差异逐渐被否定，但它始终是日常生活中最显著的事实。列斐伏尔特别关注那些日常生活的直接受害者，尤其是那些被禁锢在每日简单重复的无尽家务和采购活动中的妇女们。列斐伏尔还认为移民、低级别员工和青少年也是生活中的受害者，虽然这些伤害的"方式不同、时间不同、程度不同"[9]。

为了在日常生活中具体定位这些差异，我们需要绘制出城市的社会关系地图。公交车司机的城市、行人的城市与汽车所有者的城市不同，购物车对一个在超市中忙碌的母亲和一个在人行道上无家可归的人意义完全不同。这些差异使得城市居民的生活相互分离，而他们的重叠构成了城市中社会交换的主要形式。日常空间是个人、群体以及城市的交汇点——那是进行多种社会交易与经济交易的场所，在那里可以积累各种生活经验。这些差异相互碰撞或相互影响的地点往往是城市生活中最富活力的地点。

日常都市主义的目标是实践文学理论家米哈伊尔·巴赫金（Mikhail Bakhtin）所谓的“对话主义”。对话主义作为文本分析的一种模式，可以很容易地被应用在设计实践上。巴赫金把“对话理论”定义为对由“众声喧哗”①（观点的不断相互作用和影响）所主导的世界的特定认识论模式——不同意义间不断相互影响，所有这些都存在着彼此影响的可能性。当一个词、一句话、一种语言或文化变得相对化，不再拥有特权，且意识到对相同事物的定义可以不同的时候，就会发生“对话化”（Dialogization）。而非“对话”的语言是专制的或绝对的。[10]“对话”城市设计挑战了大多数设计专业人员所运用的概念体系。日常生活为这种转变提供了一个良好的起点，因为它是基于常识而非权威解释，是站在多数人而非少数人一边，是反复出现而非独特的现象，它对普通人来说是特别容易理解的。

毫不奇怪，由于每个人都是潜在的日常生活专家，因而专家对日常生活并不太“感冒”。列斐伏尔指出，即使专家和知识分子身处在日常生活中，他们也更喜欢认为自己身处日常生活范围之外。他们相信日常生活是微不足道的，并试图逃避日常。他们使用华丽的修辞和元语言代替“经验的永恒性，这使他们得以忽略自己平凡的条件”[11]。列斐伏尔描述这种疏离技巧的目的为：“抽象文化在这些所谓‘文明人’和日常生活之间放置了一个几乎不透明的隔膜（如果它完全不透明，情况反而更为简单）。抽象文化不仅为他们提供了词语和想法，还提供了一种态度，迫使他们脱离自身以及自身与世界的真实关系，而去寻求他们的生活和意识的‘意义’。”[12]

为了避免违背现实和实际，日常都市主义要求对设计师彻底重新定位，将专业专家的权力转交给普通人。日常生活中广泛的专业知识作为一个弥合剂，用来消除专业人员和使用者之间、专业知识和日常经验之间的距离。设计师应该置身于当代社会中，而不是置身事外或超脱其上，应从近处解决社会生活的矛盾。

① 巴赫金所提出的重要概念包括“对话理论”（Dialogism）、“众声喧哗”（Heteroglossia）、“狂欢”（Carnivalesque），以及“时空体”（Chronotope）等，https://zh.wikipedia.org/wiki/ 米哈伊尔·米哈伊洛维奇·巴赫京。这个术语将语言多样性视为社会冲突的一个方面，众声喧哗更延伸了对话主义对于日常性语言如何具有意识形态斗争的潜力，并具体以小说语言和狂欢节的仪式活动作为例证，遥遥指向一个语境之外的相对自由的、多元共生的、离心解放的政治生活。——译者注

时间和空间

米歇尔·德·塞托和列斐伏尔都认为，在日常生活中，时间与空间一样重要。德·塞托将两种模式进行了区分：基于空间的战略和基于时间的战术。基于空间的战略代表了那些当权者的做法——“假定一个地方完全归属自己，以外部的影响和威胁都是可被管理的作为前提。”战略选择的地点

无论在空间上还是政治上都是“适当”的地方，这样的地方需要一段时间才能取得成功。政治、经济和科学的合理性都是建立在空间战略模型上的。相反，时间战术由于没有合适的地方运作，而随时间变化转变其运营模式。因此，时间战术无法让设计总体可视，它缺乏其所必需的边界：“时间战术所处场地的权属是他人的。”时间战术是“弱者的艺术”，是对强者领域的入侵。时间战术即使没有适当的地方，依靠抓住机会、巧妙选择时机，以及快速变动也可以成为改变空间的组织方式。时间战术是日常创造力的一种形式。我们描述的许多城市活动都富有时间战术。通过临时、短暂地（甚至是只争朝夕地）改变城市某些“适当”的地方，用区别于官方推进的城市主义开展城市实践。

列斐伏尔还另外界定了一套构成城市生活的多重时间体系。日常生活的时间是两种重复模式——自然周期模式和线性模式的结合，这两种重复方式对立但共存。周期模式包括了自然节律、日夜更迭、季节交替、生死轮回。线性模式中时间被理性地定义为可计量的工作和休闲时间表，借助时间表、快餐、茶歇和电视娱乐黄金时间段等进行合理划分。这些矛盾的节奏帮助我们塑造了每天、每周、每月、每年，甚至一生的生活经验。然而，对于列斐伏尔来说，第三类时间——不连续与自发的时刻——比这些可预测的循环规律更重要。第三类时间使我们转瞬即逝地感受到爱、玩耍、放松与知识，不时打破日复一日的生活。这些存在于每个人日常生活中的瞬间性爆点和亮点，揭示了生活的可能性和局限性。[13] 他们突显了现实生活与梦想生活之间的距离，尽管这些瞬间很快被遗忘，但它们揭示了包含在日常生活中的力量，也提供了社会变革的起点。居伊·德波把他们视为一场生活中潜在的革命、一个实现可能性的跳板。[14] 通过认识和建立这些对于时间的理解，我们可以探索几乎没有认识过的城市经验新领域。

日常生活的政治性

像这些作家一样，我们想要让大家注意日常生活变革的可能性。爱丽丝·卡普兰（Alice Kaplan）和克里斯汀·罗斯（Kristen Ross）指出，政治其实隐藏在生活经验的矛盾与可能性中。[15] 日常生活中最平淡和重复的行为燃起了在日常生活中无法得到满足的欲望。如果这些欲望诉求能够获得一种政治表达，他们将向社会秩序提出一套新的从个人到集体的要求。因此，日常都市主义的实践势必导致社会变革，并非通过外部施加的抽象政治意识形态，而是通过那些脱胎于不同个人或团体生活经验中对城市的特殊关注。

尽管我们承认我们对列斐伏尔和德波的敬意，然而本书大部分作者的看法与他们并不完全一致。列斐伏尔和德波都认为城市环境是一个能讨论现代资本主义社会中差异化（alienation）的独特场所，并相信差异能够被克服，从而使众多个体再次整合为整体。他们把他们攻击的社会和他们所期望的未来社会视作一个整体。[16] 而我们不寻求总体解决方案，相反，我们承认碎片化和不完整才是后现代生活中不可避免的状态，日常都市主义不是普适的，它随不同时间和地点做出多样化的反应对策。我们的解决方案是谦逊且小尺度的——微型乌托邦，也许是在一条人行道上，在公交车长椅上，或一个小型公园里。德波曾宣称“有一天，我们将建设漂流的城市……但是，我们可以利用已经存在的某些区域，或者某些人对其进行微调。”[17] 这本书的目的之一就是确定一些这样的区域，与这样的一些人。

即将到来的日常都市主义

1994 年，作为洛杉矶当代艺术博物馆“修补城市”（Urban Revisions）展览的一部分，本书编者们组织了一个研讨会。在研讨会中，我们第一次意识到日常都市主义的理念吸引更广泛受众兴趣的可能性。随后，通过热烈而富有启发性的讨论，理论概念的雏形慢慢显现且逐渐完善，最后汇集成这本书——我们尝试描绘日常生活难以定形的轮廓。这个项目是我们友谊的结晶，我们共同努力，提出不同利益相关者的观点和认知。我们发现周边的其他作家、摄影师和建筑师也有类似的想法。虽然书中提到的大部分工作都在洛杉矶，但我们希望这些想法和活动能关联扩展到一般性城市的整体领域。也许，这本书只是对日常都市主义的管中窥豹，而且美国已经存在多种版本，有待进一步检验才能成熟。[18]

本书的第一部分为“观察城市”，其中的文章调查了洛杉矶、纽约周边现有的一系列活动和地区。那些合法但非正式的、显而易见但又隐蔽未被曝光的地方有着很多精彩的故事。芭芭拉·科什布莱特–金布利特（Barbara Kirshenblatt-Gimblett）观察着纽约市的街道活动，从游行到玩耍的儿童。她认为这些壮观的表演为城市空间提供了新的形式，因此构成了一种建筑类型，因为它们使得一种新的城市空间得以诞生。伴随洛杉矶如车库售卖和街头贩卖的日常活动所产生的新型公共空间里，我看到了多样的公众对于他们身份的认同，并划定新的城市竞选政治行动。卡米洛·何塞·维加拉

（Camilo José Vergara）调查了洛杉矶中南区的经济活动，他的摄影作品记录了拉丁裔移民如何改变公共环境，这些改变体现在街道、围栏、车库和院子里。

本书的第二部分为“创造城市”，着眼于设计活动，专业人士协同建设日常城市。约翰·卡利斯基（John Kaliski）追溯了城市设计后现代话语中的日常都市主义历史。卡利斯基认为，城市设计师通过尝试追回过去或控制未来，一直逃避现有城市生活的现实。他提出了日常都市主义作为抽象现代主义城市失败的替代方案。沃尔特·胡德（Walter Hood）采用即兴创作的方式，从概念上在西奥克兰（West Oakland）重建了一个小型公园及其周边的街道。胡德的设想是回应整个社区的多重需求，重新设计公园，从而不仅容纳园丁和儿童，而且容纳嗜啤酒者、拾荒者和妓女。

尽管其详细讨论了理论影响，但本书的目的不是指向一项学术或评论工作，而是发出对行动的呼吁。统一在这里提出日常都市主义概念的想法和做法，是希望所有这些都可以作为了解日常空间的切入点，激励重新思考设计师在日常空间中工作的方式。这些文章提出了当代城市有限的设计范围和方法的替代方案，试图将设计重新连接到人类、社会和政治关怀上，而不是重复 20 世纪 60 年代社会和倡导性建筑运动的狭隘、确定性的方法。日常都市主义力求释放日常生活中已经存在的创造力和想象力，并以此作为改变城市体验和城市本身的手段。

注释

1 《城市主义作为一种生活方式》（*Urbanism as a Way of life*）第一次发表于 1938 年，之后被广泛转载。参见艾伯特·瑞斯（Albert J. Reiss）编，《城市与社会生活》（*Cities and Social Life*，芝加哥大学出版社，芝加哥，1938），以及理查德·桑内特（Richard Sennett）编，《城市文化的经典论文》（*Classic Essays on the Culture of Cities*, Englewood Cliffs, N. J.: Prentice Hall, 1969）。关于城市主义其他含义的讨论，见南·埃琳（Nan Ellin），《后现代都市主义》（*Postmodern Urbanism*, Basil Blackwell 出版社，纽约，1996），第 225 页。

2 对维克托·特纳（Victor Turner）的边界（liminality）概念理解参见“模棱两可”（*Betwixt and Between*），载于《象征之林》（*The Forest of Symbols*，康奈尔大学出版社，纽约州伊萨卡，1967），第 93—110 页。另见唐纳德·韦伯（Donald Weber）在“从界限到边界：维克托·特纳对美国文化研究的影响”（*From Limen to Border: A Meditation on the Legacy of Victor Turner for American Cultural Studies*）中关于“边界”（border）的概念，载于《美国季刊》（*American Quarterly*）第 47 期（1995 年 9 月），第 527—537 页。

3 亨利·列斐伏尔，《日常生活的批判》（*Critique of Everyday Life*，Verso 出版社，伦敦，1991），

第 95 页。

4 亨利・列斐伏尔，《日常生活的批判》（Verso 出版社，伦敦，1991），第 18 页。

5 亨利・列斐伏尔，《现代世界的日常生活》（*Everyday Life in the Modern World*，Harper 出版社，纽约，1971），第 25 页。

6 可以参见克里斯汀・罗斯（Kristen Ross），《快速汽车和干净的身体》（*Fast Cars and Clean Bodies*，MIT 出版社，马萨诸塞州剑桥，1995）；爱德华・索亚（Edward Soja），《后现代地理学》（*Postmodern Geographies*，Verso 出版社，伦敦，1989）；《第三空间：去洛杉矶和其他真实与想象中的地方》（*Thirdspace: Journeys to Los Angeles and other Real and Imagined Places*，Blackwell 出版社，纽约，1996）；马克・戈特丹（Mark Gottdeiner），《城市空间的社会生产》（*The Social Production of Urban Space*，得克萨斯大学出版社，奥斯汀，1985）。

7 雷蒙德・莱德鲁特，"演讲与沉默的城市"（*Speech and the Silence of the City*），载于《城市与标志之间：城市符号学简介》（*City and the Sign: An Introduction to Urban Semiotics*），Mark Gottdeiner 和 Alexandros Langopoulos 编（哥伦比亚大学出版社，纽约，1986），第 133 页。

8 亨利・列斐伏尔，"空间：社会产品和使用价值"（*Space: Social Product and Use Value*），载于《批判社会学：欧洲观察》（*Critical Sociology: European Perspectives*），J. W. Freiberg 编（Irvington 出版社，纽约，1979），第 289 页。

9 亨利・列斐伏尔，《日常生活的批判》（Verso 出版社，伦敦，1991），第 127 页。

10 米哈伊尔・巴赫金，《对话的想象力：四篇散文》（*The Dialogic Imagination: Four Essays*），Michael Holmquist 编（得克萨斯大学出版社，奥斯汀，1981 年）第 426—427 页。

11 亨利・列斐伏尔，《现代世界的日常生活》（Harper 出版社，纽约，1971），第 92 页。

12 亨利・列斐伏尔，《日常生活的批判》（Verso 出版社，伦敦，1991），第 238 页。

13 亨利・列斐伏尔，《总和与剩余》（第二卷）（*La Somme et le Reste,* La Nef de Paris 出版社，巴黎，1959），这本书在戴维・哈维（David Harvey）为《空间的生产》（*The Production of Space*，亨利・列斐伏尔著，Blackwell 出版社，纽约，1991）一书所写的后记（第 429 页）中被讨论过。

14 居伊・德波，"构件情境的初步问题"（*Preliminary Problems in Constructing a Situation*），载于《情境主义国际文选》（*Situationist International Anthology*），Ken Knabb 编（保密局，伯克利，1981），第 43—45 页。

15 爱丽丝・卡普兰，克里斯汀・罗斯，"日常生活"（*Everyday Life*）一文的前言，该文载于《耶鲁法语研究》（*Yale French Studies*）第 73 期，1987 年秋季刊，第 4 页。

16 更多关于整体性（totality）的讨论可以参见马丁・杰伊（Martin Jay），《马克思主义和整体性：一个概念从卢卡斯到哈贝马斯的冒险》（*Marxism and Totality: The Adventures of a Concept from Lukas to Habermas*，加利福尼亚大学出版社，伯克利，1984），第 276—299 页。也可参见彼得・沃伦（Peter Wollen），"苦涩的胜利：国际情境主义的艺术与政治"（*Bitter Victory: The Art and Politics of the Situationist International*），载于《在几个人短暂时光的流逝中》（*On the Passage of a Few People through a Brief Moment in Time*），Elizabeth Sussman 编（MIT 出版社，马萨诸塞州剑桥，1989）。

17 居伊・德波，《漂移理论》（*La Théorie de la Dérive*），载于 *Les Levres Nues*，第 9 期，1956 年 11 月，第 10 页。

18 可以参见黛博拉・伯克（Deborah Berke）和史蒂文・哈里斯（Steven Harris）编，《日常生活的建筑》（*Architecture of the Everyday*，普林斯顿建筑出版社，纽约，1997）。

前言　日常都市主义的现状

玛格丽特·克劳福德

自从十年前我们完成第一版《日常都市主义》的书稿以来，发生了很多事情。这一概念的涌现源于一个具体的时空环境，即我们自己对洛杉矶无限迷人的城市景观的日常体验。洛杉矶不断地被居民以新的方式重新居住、重新创造，以一种建设性的方式参与其中，挑战作为设计专家和学者的我们。周围城市生活的活力，激发了我们对现行城市设计论述局限性的不满。无论从事规范专业实践还是前瞻的策划，城市设计师似乎通常无法欣赏周围的城市，并对住在这里的人表现出不感兴趣。相反，他们会优先以抽象、规范的条款的形式接近城市。而我们将日常都市主义构想为一种可选的城市设计概念，它是一种重新连接城市研究、普通人和社会意义的新设计方式。借用亨利·列斐伏尔、米歇尔·德·塞托和米哈伊尔·巴赫金所提出的日常生活概念，我们提出一套新的城市设计价值观，将城市居民和他们的日常经验置于设计的中心，鼓励更多民族志式的城市研究，并且强调特定的、具体的现实。为几乎无限丰富的日常生活进行测绘与设计，这需要广泛的表现形式，因此我们探索了多种写作风格，也鼓励作者尝试新的图示表达方式、超现实的模型制作和照片拼贴。

在《日常都市主义》的出版过程中，最令人欣慰的是来自志同道合的个人或团体的热情接待。回顾可知，比起发明一个新的想法，《日常都市主义》事实上概述了一个广为流传但尚未系统化的城市设计态度。事实证明，世界各地许多建筑师、规划师、学生已经在积极地关注现有城市，他们了解了列斐伏尔和德·塞托的思想，并逐步调整他们的设计策略。道格拉斯·凯尔博（Doug Kelbaugh）将“日常都市主义”视为当代城市主义的三大主流范式之一，引起广泛传播的共鸣。[1] 通过给这些影响、关注和兴趣的集合起一个名字，“日常都市主义”提供了一个似乎出人意料，但又和大多数人有关的概念。他们的回应使我们坚定了想法，让日常都市主义成为一项“开放工作”，一个能覆盖更多不同活动的保护伞，而不是个人的、规范化的控制。本书为了体现这一点，选取了多样的甚至矛盾的文章和项目。日常都市主义欣然接受生活的多样性，与针对一种民族特质且重在向全世界输出其思想的其他城市设计学派不同。如果说日常都市主义仍然指定一种设计策略，那么它是一种描述已被接受的、积极的日常城市空间和活动的术语。

不过，并不是我们收到的所有关注都是积极的，事实上，来自广泛的建筑学和学术领域的评论人士对日常都市主义提出了各种各样的批评。其中一些批评是可以预见的，事实上，这些分歧意见标示了彼此在当前的城市辩论中的立场。在我们最早的演讲中，评论家赫伯特·默斯坎普（Herbert Muschamp）① 选择了离场，以表示他对没有作者的设计作品缺乏兴趣。新城市主义者寄希望于通过设计和管理创造理想的城市环境，自然认为我们对普通场所的接纳令人不快。安德烈斯·杜安伊（Andreas Duany）② 说日常都市主义是他最不喜欢的城市设计方法，嘲笑其产品不可避免地是“丑陋的”。同样，规划师艾米丽·塔伦（Emily Talen）③ 也谴责我们对规范审美和社会目标缺乏兴趣。[2] 其他经常从事大尺度项目和总体规划的规划师和城市设计从业者，发现日常都市主义的增量方法和小尺度方法效果不佳。意大利城市学者伯纳多·塞奇（Bernardo Secchi）认为日常都市主义无力解决城市面临的紧迫问题。[3] 哈佛大学教授兼城市设计师亚历克斯·克里格（Alex Krieger）误以为我们对普通地区和人群的兴趣是一种新形式的倡导性规划。一些设计专业人士把日常都市主义提出的模糊专业界限的主张，视为对他们专业领域的挑战。历史学家和理论家也攻击了他们所认为的这本书的理论和修辞弱点。迈克尔·斯皮克斯（Michael Speaks）认为《日常都市主义》过于依赖语言和解释的方式，将城市作为文本进行解读，而不是提出设计干预。建筑历史学家戴尔·乌普顿（Dell Upton）进一步发展了这一批判，认为日常都市主义的理论基础是模糊的，二元的，浮于辞藻而不实在。[4] 因此，他认为，它只能促成令人尴尬的字面和装饰性的项目。虽然我们不一定接受他们的批评，但批评者帮助我们澄清了推动日常都市主义发展的关键因素。

在过去几年中，我们已经从我们的朋友和批评者中学到了很多，但更多的收获来自我们把日常都市主义付诸实践的努力。例如，本书第一版的前言非常重视理论的源流。我们现在明白，日常都市主义的作用更多的在于对城市的态度或敏感性。在实践中，我们已经不再尝试发展或跟从某种理论，

① 赫伯特·默斯坎普是美国知名建筑评论家，1987 年为《Vogue》《House & Garden》和《艺术论坛》等各种杂志撰写建筑评论，1992 年成为《纽约时报》的建筑评论家，2004 年为《时代》杂志撰写“图标”栏目等。https://en.wikipedia.org/wiki/Herbert_Muschamp。——译者注

② 安德烈斯·杜安伊是 1993 年成立的新都市主义大会（CNU）的联合创始人和荣誉董事会成员。合著有：《郊区国家：蔓延的崛起和美国梦的衰落》《新思域》《智慧成长手册》《园林城市》《景观都市主义及其不满》等。https://en.wikipedia.org/wiki/Andrés_Duany。——译者注

③ 艾米丽·塔伦是芝加哥大学城市学教授，著作有《新城市主义与美国规划》《多样性设计》《城市设计回收和城市规则》，是 2014-2015 年古根海姆奖学金获得者。https://socialsciences.uchicago.edu/faculty/emily-talen。——译者注

而是促成一种可以被应用于各种不同环境和活动的方法。尽管列斐伏尔、德・塞托和巴赫金的思想促使我们开始接触日常生活，但是一旦开始接触，对特定城市需求的回应将马上令项目呈现出自己的生命力。这可能形成大量的不同结果，而非单一正式产品。日常都市主义是彻底的实证而非规范性或概括性的，它是思想和实践的灵活集合，可根据特定的环境重新配置。

寻求多样性和异质性的日常都市主义，从来不追求成为一种超凡的完整设计方法。因为不寻求改变世界或改造建成环境，日常都市主义者可以在许多不同的环境中独立工作。与大多数城市设计技巧不同，它可以在现有城市环境的角落和缝隙中操作。作为一种积累性的方法，它使得小的变化得以积累从而改变更大的城市状况。作为一种实践，它适用于某些情况，但也可能不适用于其他一些情况。它不寻求取代其他城市设计实践，而是与它们一起、在它们之上或在它们之后协同工作。同样，根据情况，日常都市主义者如果发现实现目标的其他方式，也可以选择进入或跳出自己的专业角色。尽管这令批评者感到沮丧，但这种角色转换特点使得日常都市主义与其他城市设计方法相比，更加具有灵活性。而且我们认为，灵活性是在一个不断变化的世界中运行的根本需要。

日常都市主义者利用他们的无拘无束，以新的方式思考普通的场所。虽然理解现有的城市状况是我们的起点，但日常都市主义的本质就是重新诠释和重新思考它们。在普通的场所寻找未被预见的可能性需要发明和创造力。因此，日常都市主义需要自下而上（在主题和共情或同情方面）和自上而下（利用复杂的知识和技术）双向的工作。用德・塞托的术语来说，这意味着既是战术性的（非官方授权的行动，即没有政府或任何官方权力结构授权的非正式行动），也是战略性的（由有权力的人士自上而下制定的计划）。通过在大多数设计师感到无望的情境中尝试施展“普通魔法”，日常都市主义实际上可能比任何其他形式的当代城市主义都更有远见和变革的目标。

最后，我们通过与居民、城市政府和地方组织在真实项目中的合作，得出了日常都市主义实践的另一个重要维度：城市生活的方方面面，且它们已经深深植根于城市政府的日常工作及其监管和执法职能中。这种认识挑战了我们的一些理论假设。列斐伏尔、德・塞托和巴赫金都把国家描述为一个保守反动的庞大整体，与日常生活格格不入。而我们与地方政治家、城市机构和官员的合作经验揭示了更为复杂和矛盾的现实。地方政府和市民之间的边界往往模糊不清。许多人在市民、官员、专业人士或倡导者之间占据着多重且变化的角色。民选的政府领导和市政官员可能阻挠，也可能支持创新的解决方案。我们也从中产阶级在社区和城市政治的微观公共领域发挥的关键作用中收获了新的看法。公开会议、地方媒体、活跃分子和有组织的压力集团结合在一起，塑造舆论和进行公共行动。这导致我们强调，表达和沟通是我们对政治话语和行动的重要贡献之一，让我们在这些正在进行的辩论中能够更有力地发声。我们也意识到，尽管我们不占据优势，通过视觉呈现与沟通等替代方式，我们改变日常城市生活的愿景仍然可以在影响市政争议和政策倡议方面发挥重要作用。

正在持续进行的城市政治斗争，凸显了我们在第一版《日常都市主义》中忽略的另一个普遍而重要的时间维度——在城市环境中实现项目需要放慢节奏并且保持始终如一的承诺。

注释

1 请参见道格拉斯·凯尔博为《日常都市主义：玛格丽特·克劳福德 vs. 迈克尔·斯皮克斯》（*Everyday Urbanism: Margaret Crawford vs. Michael Speaks*）一书写的前言，载于“密歇根城市主义辩论”系列（series of *Michigan Debates on Urbanism*）（A. Alfred Taubman 建筑与城市规划学院，密歇根州安阿伯市，2005）。

2 艾米丽·塔伦，《新城市主义与美国规划》（*New Urbanism and American Planning*，Routledge 出版社，纽约，2005），第 110—113 页。

3 伯纳多·塞奇，*Prima Lezione di Urbanistica*（Laterza 出版社，巴里，2000），第 45 页。

4 戴尔·乌普顿，“日常生活中的建筑”（*Architecture in Everyday Life*），载于《新文学史》（*New Literary History*），第 33 期（2002 年秋季刊），第 707—720 页。

第一部分
观察城市

表演城市：城市地方文化的投影

芭芭拉·科什布莱特－金布利特

在城市规划过程中，目前那些并没有经过规划设计的项目，仅仅依靠社区参与是不够的。而地方性特质较强的建筑和城市空间也常常成为城区改造的焦点，其规划设计的局限性也可从这些城市地方文化的反衬中得知。

地方文化就是普通民众在日常生活中的所作所为。它常常由地方实践组成，这些实践常常忽略了规划、设计、区划、条例、公约及其所带来的影响，而表达了包括地方文化风俗在内的当地民众长久以来约定俗成的行为规范。这些风俗促成了城市风貌规划、城市设计、城市分区、规章以及契约，当然，城市地方风俗对城市的影响还远不止如此。建成环境和在建成环境中的社会活动二者之间的关系有意无意地揭示了相互之间影响的重要性。地域文化能够帮助我们发现什么是确实不能也确实不应该被规划的。地方文化也表明了什么样的空间应该保留它原有的形式，不应该去进行设计干预，而是让它自己寻找存在的形式。

米歇尔·德·塞托在战略与战术上的区分定义了城市规划与城市地方文化之间的差异[1]，设计项目将自己定性为总体规划或者战略规划不是偶然的。将城市地方文化作为其反面来考虑：不是总体规划，而是一个地域性的即兴创作；不是战略规划，而是一个战术性的努力。

地方民众的行为习俗也是城市地方文化产生的重要原因，因为行为习俗促进了空间形式的产生。包括在外面晾晒衣服、跳房子游戏，还有春节假期的舞狮在内的每一件事情。这些行为活动促成了独特空间形式的产生，其中一些还形成了其独特的建筑风格。纽约证券交易所就是这样一个形成了建筑风格的案例，早期的投标人曾经在曼哈顿下城码头和街道上进行小圈子的贸易交易，其传统的空间实践往往发生在室内，即使在当下这个信息技术时代，交易者也围绕着这些交易所继续进行现场招标，就像他们以前在室外一样。

常规设计创作的前提是被指定的安全空间。因为城市地方风俗被它自身的战术本质替代，在我们所居住的城市，空间实践呈现出非常鲜明的临时性特征。街头表演者、摊贩、玩耍的小孩所处的空间是不稳定的，他们必须随时准备移动。战术是一种即兴的艺术，这也是为什么努力尝试去规划、管理或分区这些活动是不可靠的。游乐场就是一个为了将儿童从大街上转移至成人可监督区域的空间设计，它的发展历史可以被认为是有组织的游戏历史的一部分。没有哪个为游戏设计的空间和现实生活一样有趣。

无论是强行安排街头艺人在特定的时间和地点表演，还是将小商贩从繁忙的商业区驱逐出去，都无法营造一个充满活力的公共空间。曼哈顿的华盛顿公园广场就是这样一个地方，它从来没有为那里发生的活动而设计。在天气晴朗的周末，成千上万的陌生人聚集在公园里，在没有计划、没有赞助组织、没有资金、没有宣传或没有公布时间表的情况下，上演了一场复杂的集体表演。

墨守的约定主导着这个多元化的空间，正如纽约的复活节游行一样。实际上，它并不是一个游行，而是一种时尚漫步。一个多世纪以来，在圣帕特里克大教堂附近的第五大道，每次复活节星期天的中午到下午 2 点之间都会有游行活动。没有公告，也没有规划或准备，成千上万的人一下子出现了。在大约两个小时的游行时间里，警察自行设置交通路障，阻止车辆通行，人群涌动着，穿着复活节服饰，沉浸在节日的氛围中。

这种活动代表着一类形式的城市地方文化（乡土风俗）的缩影，即在没有提前刻意策划的条件下，成千上万的陌生人仅仅通过默契便创造出一场即兴的组合表演。这些活动可能看起来短暂，但类似复活节游行或圣帕特里克节游行这样的活动可追溯到 18 世纪中期，甚至已经超过了许多城市建筑物的年代。这些事件表明了普通群体甚至是陌生人都可以团结起来行动。凝聚力是不能被立法或者设计的，甚至某些设计给凝聚力带来了负面影响。

这些活动本身就有建筑的意义，人们的活动给空间带来了形态。这是在表演中构成的空间，人们自发活动所形成的空间不同于刻意在城市中设置的剧院，而是把城市设施视作舞台布景（例如，戏剧性地点亮它）。表演本身就是建筑，且它的建筑形式与永久的形式相比，更多地取决于其被重复、再次演绎和更新的形式。也许这就是为什么有地方特色的本土表演经常发生在生活世界中，而不是在指定的空间里，如剧院、露天舞台或游乐场。

曼哈顿唐人街街头舞狮队游行由声音、烟雾和身体所创造，提供了一个关于表演的精彩建筑案例。在农历新年中，有多达 12 个武术俱乐部，通过绘制自己的活动路线，在大都会地区华人社区映射出自己文化的仪式中心。在携带俱乐部旗帜的支持者的带领下，穿着全身狮子面具的舞者在商店入口处表演，迎来又一个美好的一年。店主提前为舞者备好食物，并用红色的装有钱的信封作为象征性的物质补偿奖励表演者的聪明才能。就在几分钟或几乎一个小时内（时间取决于他们支付了多少钱），表演者在现实的生活世界中开拓出一个空间，其他的商业和交通照常进行，声音定义了表演空间的外部边界，即由鼓和铜锣的连续敲击及标志着表演结束的震耳欲聋的鞭炮声所界定的听觉范围内的区域。

鞭炮的烟雾是环绕的建筑，就像一面模糊的墙延伸到视觉和嗅觉可达之处。随着烟雾慢慢消散，阳光透过薄雾，以独特的方式照亮街道空间。到一天结束的时候，烟雾依然在空中飘荡。人行道和道路上铺满了鞭炮碎的红纸。然而俱乐部仍在为他们的游行申办许可证，申请一些街道禁止通行，规则已有所松动，并且是有选择性地执行，因为这对这一城市表演的维持和维护格外重要。比如燃放鞭炮在纽约市是非法的，但在庆祝活动中却又无处不在。

表演是城市记忆的载体，身体就是它的档案形式。地标性建筑和历史保护将地方记忆物化，无论是保存、修复或重建的建筑物还是安装的牌匾都标志着记忆的存在。地方的文化记忆也可以以其他方式运作，如通过神社、人行道坛、纪念墙还有花园，以及那些以从身体档案中创造出的建筑为代表的表演。这些就是皮埃尔·诺拉（Pierre Nora）在《记忆之场》① 中写道的。[2] 不断扩散和繁衍的保护是出于对被遗忘的恐惧，因此，创造了博物馆、图书馆、纪念馆、历史区来保留记忆。

① 法国历史学家皮埃尔·诺拉的三卷本文集《记忆之场》（*Les Lieux de Mémoire*），他将“记忆之场”定义为：一种物质或非物质实体，经由人类或时间转变而成为一个社群的象征性遗产。就我们当代人而言，埃菲尔铁塔、马赛曲、普鲁斯特便是这样的“记忆之场”。但皮埃尔·诺拉不是再次强调这些观光景点的美好，而要借由这些令人魂牵梦绕的所在，追溯其历史，传达背后丰富炫目的多彩故事。如何在历史与记忆的纠缠过程中尘埃落定，成为现在的模样。https://en.wikipedia.org/wiki/Pierre_Nora。——译者注

注释

1 米歇尔·德·塞托，《日常生活的实践》（*The Practice of Everyday life*，加利福尼亚大学出版社，伯克利和洛杉矶，1988）。

2 皮埃尔·诺拉，“在历史和记忆之间：记忆之场”（*Between Memory and History: Les Lieux des Mémoires*），载于《Representations》第 26 期（1989 年春季刊），第 7 页。

模糊边界：公共空间和私人生活

玛格丽特·克劳福德

这项调查源于我对几年前建筑评论中出现的关键立场的主要不满，评论家和历史学家开始关注越来越壮观和集中的休闲和消费区域——中产阶级化的购物街、大型商场和节日市场等不同版本的主题公园。该领域的主要理论家之一迈克尔·索金（Michael Sorkin）同样认为这些呈碎片形式的城市仿制品和私有化城市空间伪装成城市公共场所，并通过消费、监测、控制、无尽的模仿进行区分。《主题公园的变化：新美国城市与公共空间的终结》（*Variations on a Theme Park: the New American City and the End of Public Space*）[1]一书使用了“公共空间的终结”作为副书名，收录整理了许多批评家、城市学家和建筑师对此的恐惧。其中，迈克·戴维斯（Mike Davis）在其文章中预言了“真正民主的城市空间正在遭受破坏”[2]，我们很容易找到证据支持这一论点，例如洛杉矶经常被认为是公共空间衰落的典型案例。现在少量剩余的传统公共空间片段［如潘兴广场（Pershing Square），历史上曾是市中心商业区的焦点，最近由里卡多·莱戈雷塔（Ricardo Legorreta）重新设计］通常是空荡荡的，但是城市步行街（Citywalk），那条由 MCA 公司和环球影城公司（Universal Studio）利用不同的城市元素拼凑起来的城市步道，有着大量模拟城市景观、购物和娱乐中心的街区，却总是人山人海、热闹非凡。

这些商业公共场所的存在和受欢迎程度使得当今城市公共空间衰落已成为一种广泛存在的现象。如果将当前的公共空间与黄金时代、黄金场所——曾经被视为充满生气的公共言论蓬勃发展的民主场所，如希腊的集市、近代早期巴黎和伦敦的咖啡馆、意大利的广场、城镇广场——进行对比，那么会发现，现代商业性将不可避免地导致当今公共生活和公共空间的危机，这种危机使民主思想和制度本身面临风险。

虽然很难就这些作家描述的现象特征进行争论，但我并不同意他们得出的结论。这种对公共空间损失的看法源于对“公共”和“空间”的极其狭隘和标准僵化的理解。这样的定义来自坚持统一性、喜好固定的时间和空间类别，以及对私人和公共概念的绝对区分。为了寻求一个单一的、包罗万象的公共空间，这些评论家把巨大的公共空间误认为是公共空间的组合。从这个角度看，公共空间的批评者密切地回应了社会理论家的结论，如尤尔根·哈贝马斯（Jürgen Habermas）和理查德·桑内特（Richard Sennett）。他们对公共领域的描述有许多相同的假设。[3] 哈贝马斯系统地描述了公共领域被消费主义、媒体和国家全面侵占，桑内特哀痛地将他的书命名为《公共人的衰落》（*The Fall of Public Man*）。“人”一词突出了在这个理解上的关键假设：无论是作为普遍的人、公民、消费者还是旅游者，都承认了一种基于经验性的规范条件。

毫不奇怪，伴随着那些强烈的关于公共空间消逝的负面评论而来的政治影响同样是消极的。历史决定论表明了与消费主义带来的“不可抗拒的力量”[4] 进行政治斗争是不可能的。普遍消费者成为普遍的受害者，他们对资本主义、消费主义和伪造无能为力。公共空间与民主之间缺乏明确的联系使得这种垄断更加复杂化，这两者是密切相关的，但是其确定的亲缘关系从未被具体界定，这使得对商场或主题公园的政治反对意见变得更难以想象。

这种普遍性、悲观主义和模棱两可的态度导致我寻求一个替代框架——一种概念化公共空间的新方式和一种阅读洛杉矶的新方式。这篇文章说明了我试图重新思考我们对“公共”“空间”和“身份”这些概念的看法。调查显示，洛杉矶同时进行的公共活动的多样性使“公共”和“空间”通过生活经验不断被重新定义。在空地、人行道、公园和停车场，这些活动正在重构城市空间，开辟新的政治舞台，培养新形式的公民。

重新思考“公共性”

南希·弗雷泽（Nancy Fraser）的文章《重新思考公共领域》为我的思考提供了重要的论点。[5]她澄清了对“公共”一词的普遍表述存在重大的理论和政治局限性。南希·弗雷泽认同哈贝马斯将公共领域作为一个在概念上独立于国家和经济的话语关系的场所。但她对许多关于普遍的、理性的和非连续的公共场所的批判性假设提出了质疑。

哈贝马斯将近代早期欧洲“资产阶级公共领域的自由主义”模式的出现与民主国家的发展联系在一起，民主国家以集体接受的普遍权利为代表，并通过选举政治实现民主，强调统一和平等是理想的条件。公共领域被描绘为所有公民都有权利的完美的“民主空间”，比如所有的居民都有居住的权利。在这个领域，社会和经济上的不平等现象被暂时搁置在一边，是为了确定共同利益。通过理性、无私和良性的公开辩论来讨论共同关心的问题。然而，像雅典民主经常引用的理想一样，这个模式是基于一个显著的人群排除来构建的。在雅典，公众参与理论上对所有公民开放，但实际上绝大多数人口——妇女和奴隶被排除在外，因为他们不是所谓的“公民”。现代资产阶级公共领域一开始也是排除妇女和工人的：妇女被认为是家庭领域的一部分，因而她们的利益被认为是私人领域的；而对工人的关注亦被限定在经济领域内，因而他们的利益被认为是一种个人利益。最终中产阶级和男性化公共言论和行为模式被特权定义为通用模式，基于无私的讨论和理性的辩论。

南希·弗雷泽说，最近的修正主义历史与这个理想化的状态相矛盾。他表明非自由、非群众性的公共领域同样存在，并在多个领域发展他们自己的目标和公共活动。[6]例如，在19世纪和20世纪的美国，中产阶级妇女为了慈善事业以及基于家庭生活和做母亲的个人理想的改革，组织了各种女性志愿团体。不太富裕的妇女通过工作场所和各种协会，包括工会、旅馆和政治组织［如坦慕尼协会（Tammany Hall）］进入公共生活。扩大公众的定义，包含这些“次公众”，产生了一个截然不同的公共领域，一个建立在竞争而不是团结的基础上，通过相互竞争的利益和暴力要求创造出来的公共领域不亚于理性的辩论。示威、罢工、暴动以及在诸如禁酒和选举权等问题上的斗争揭示了一系列具有争论性的场所，其特点是公众多样性以及对各种争议问题的多样性争论。

在资产阶级公共领域，公民身份主要根据国家来定义，在明确的（已有的）话语类别中进行架构，通过政治辩论和选举政治来解决。公民的自由观念是基于抽象的普遍自由，民主由国家的选举和司法机构保障。弗雷泽认为，民主是一个复杂而有争议的概念，可以承担多种意义和形式，这些意义和形式经常违反自由资产阶级公共领域所依赖的私人和公共之间的严格界限。在美国历史上，妇女、劳工和移民不仅一直维护着既定的公民权利，也要求在国内或经济领域拥有具有特殊作用的新权利。这些要求不断改变，不断重新界定民主以及私人和公共之间的界限。

南希·弗雷泽对多种群体的主张以及对公共和私人的重新定义可以扩展到公共空间的物理领域。首先，这些想法表明，没有一个物理环境可以代表完全包容的民主空间。像哈贝马斯理想的资产阶级公共领域一样，通常被建筑师理想化的物理空间，即市集、广场、露天市场，都是由排斥性构成的。其次，如果这些单一的公共场所被解释为示范性的公共空间，那么南希·弗雷泽所认定的多个反公共场所就必然需要并产生多元化的公开意见表达场所。这些空间是局部的和有选择性的，以回应有限的人口群体，他们在城市社会中扮演许多公共角色。

重新定义“空间”

为了找到这些多元公共表达平台，我们需要重新界定对“空间”的理解。正如南希·弗雷泽对公共空间的理解超越了官方指定的公众，发现了以前隐藏的妇女和工人的共同体一样，我们可以通过超越传统意义上界定的家庭、工作场所和机构等物理空间来确定另一种类型的空间。我将这种新结构称为“日常空间”。日常空间与日常生活结合在一起，没有定形，甚至难以察觉，却极具说服力。尽管它无处不在，但在城市的专业话语中，日常空间几乎是无形的。日常空间就像日常生活，是“社会投射光线及其阴影、平面及其空洞、力量及其弱点的屏幕”[7]。

在洛杉矶的广阔广场，巨大的、高度有秩序的、精心设计的公共空间，如潘兴广场或城市步行街等项目，不断植入连贯的日常生活空间，使其变得更加分散。南加利福尼亚州平庸、不连贯和重复的道路景观，两侧都是无尽的购物中心、超级市场、汽车维修设施、快餐店，以及空置地块，这些能击败任何概念上的或物理上的秩序。对于大多数洛杉矶本地人来说，这些空间构成了无限重复的通勤路线和旅行中的日常生活，就像超市、干洗店或音像店一样，这些平凡的地方是多样的社会和经济交易的场所，是个人和城市之间的主要交汇点。如列斐伏尔所叙，这些空间就像日常生活："微不足道却又显而易见，无处不在却又无处可寻。"

这种通用的景观可以被移动的车辆看到和接近，它的存在是为了适应汽车，但这使城市的形态蔓延开去。通过由街道和高速公路组成的广大路网，洛杉矶在各个方向上以均质的密度及形式蔓延。通过汽车、公共汽车，甚至购物车等使得移动性成为定义此类环境的要素。日常生活是围绕日常行程按时间和空间组织的，通过工作和休闲的模式、工作日和周末，以及重复的通勤和消费而发生。

与城市结构的流动性相反，洛杉矶的社会结构是分散的。它不是一个单一的城市，而是由阶级、种族、族群和宗教的可见和隐形边界定义的微观城市的集合。身份的多样性产生了一个复杂的社会环境——其中文化以复杂和不可预测的方式加以碰撞和分离，发生反应并产生互动。即使在同一群体内，空间和文化差异也存在。例如，拉丁裔是现在主要的种族群体，隐藏了墨西哥人和古巴人之间的显著差异，甚至掩盖了新移民与第二代或第三代墨西哥裔美国人之间的显著差异。移民之间频繁流动，当来自中美洲的新移民到达洛杉矶，他们往往搬到非裔美国人社区。非裔美国人和拉丁美洲人在韩国人和越南人开的商店购物。城市的其他地区，曾经完全是白种人居住，之

上图：工作日中午的潘兴广场

左图：透过汽车挡风玻璃看洛杉矶的日常空间

后的主要人口的是拉丁美洲人，现在大多是亚洲人。

这些普遍不同的群体在 1992 年的城市骚乱中愈加强烈地聚集在一起。根据南希・弗雷泽对公共领域的重新定义，这些事件可以被看作是一种公共表达形式，产生了一种“公共”和“空间”的替代话语。暴动的直接原因和表现形式都嵌入了日常生活中。对于罗德尼・金（Rodney King）来说，高速公路上的一次驾驶以一场震惊全世界的野蛮殴打而告终[①]；放学后，在便利店购买一瓶果汁的普通行为导致了拉塔莎・哈林斯（Latasha Harlins）的死亡。最后对罗德尼・金和拉塔莎・哈林斯的审判引起了潮水般的公众关注。[②]多重的竞争性要求，在洛杉矶非裔美国人的街道和人行道上以自发的、不确定的公开表达形式爆发，他们袭击了刑事司法系统，这次抗议被许多人称为“正义骚乱”。普遍定义的公民权利概念没有改善，他们谴责洛杉矶警察局和司法系统有明显的种族主义，许多人认为种族主义剥夺了公民的基本权利。

这场骚乱戏剧化地引起了经济问题：贫困、失业和财务自决的困难，都因经济衰退和非工业化的长期影响而加剧。这个骚乱也揭示了这个城市的种族混乱：51% 的被捕者是拉丁裔美国人（其中大多数是新移民），只有 34% 是非裔美国人，移民之间有矛盾，燃烧和抢掠对象大部分是韩国人的商店。

汽车在暴动中发挥了突出作用，从最初的将雷吉纳德・丹尼（Reginald Denny）从他的卡车里拉出来，到快速扩张期用汽车穿越城市进行抢劫。以前用于机动车的空间，如街道、停车场、旧货市场和沿公路商业区，都暂时转变为抗议和表达愤怒的场所，成为新的公众表达空间。

日常公共空间

骚乱强调了日常空间的强大能力，简单地说，它是人们生活经历和政治表达的场所。这个公共生活领域不属于选举政治或专业设计领域，它代表了自下而上，而不是自上而下的城市空间结构重组。与产生了现有意识形态的规范性公共空间不同，这些空间有助于推翻现状。在城市的不同地区，一般的空间变得具体，并成为关于经济参与、民主和对身份认同的争辩中经常热

① 1991年3月3日，罗德尼・金因超速行驶被洛杉矶警方追逐，被截停后拒捕、袭警，遭到警方用警棍暴力制服；1992 年，法院判决逮捕罗德尼・金的四名白人警察无罪，从而引发了 1992 年洛杉矶暴动。https://en.wikipedia.org/wiki/Rodney_King。——译者注

② 拉塔莎・哈林斯，15 岁非裔美国少女，在美国洛杉矶韩国城的一家韩国杂货店内被 51 岁的韩裔美国人女店主斗顺子误以为行窃，双方冲突后女店主用手枪击毙少女。在 1992 年洛杉矶暴动中对韩裔美国人的排斥情绪达到了高峰，部分媒体归咎此为导火线。https://en.wikipedia.org/wiki/Death_of_Latasha_Harlins。——译者注

议的公共场所。这些多元且同时发生的活动并没有声称代表整个公共空间，而是构建并揭示了公共空间的另一种逻辑。

空间被编织成日常生活的模式，甚至难以把这些地方看作公共空间。穷人、新移民、无家可归者，甚至中产阶级，呼吁为平凡琐碎而常见的空置地段、人行道、前院、公园和停车场赋予新的作用和意义。这些空间存在于私人空间、商业空间和家庭空间的交汇处。他们往往模糊而且不稳定，通常以矛盾的方式模糊了我们对这些类别的既定理解。它们包含多个不断变化的含义，而不是高度清晰的功能。在没有自己独特身份的情况下，这些空间可以通过其适应现实的短暂活动来被塑造和重新定义。不受限于建筑形式的规定，它们成为个人和群体表达新含义的场所，这些人为自己的目的而使用空间。场所本身显然没有意义，但它们随着用户重组和重新解释而获得不断变化的意义——社会的、审美的、政治的、经济的。

在过去和未来的使用之间，日常空间存在着一种持续的也许某一天会上涨的地产价值观。在那里发生的临时活动也遵循不同的时间模式。没有固定的时间表，他们会在日常生活的节奏中产生自己的周期，出现、再现或消

《洛杉矶时报》报道的 1992 年的城市动乱

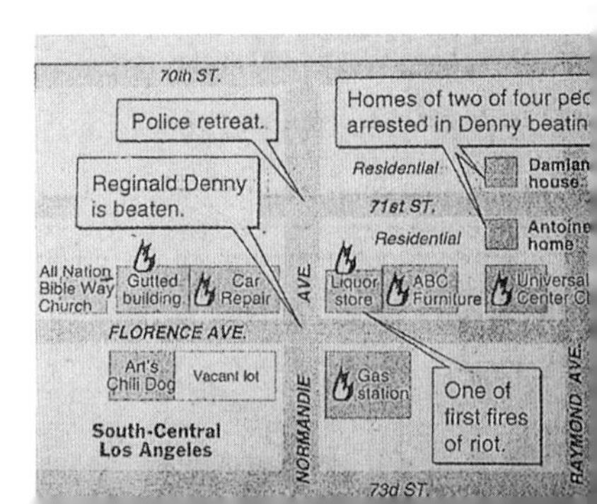

失。使用方式和活动根据季节而异，冬季消失，春天再次出现。它们会受到天气、星期几甚至一天里不同时间变化的影响。由于他们通常被分散的注意力感知，所以它们的含义并不明显，而是通过重复的日常生活来展现。

在概念上，这些空间可以被定义为爱德华·索亚（Edward Soja）所称的“第三空间”，这个类别既不是我们体验的空间，也不是空间的表现。[8] 第三空间是代表空间，具有新意义的空间，通过社会行动和社会想象力激活的空间。目前，多个公共活动正在改变洛杉矶的日常生活空间，其中包括车库售卖和街头贩卖。

车库售卖

20 世纪 80 年代的经济衰退和南加利福尼亚州房地产市场的崩溃引发了一个意想不到的结果，就是车库售卖活动的扩大，即使在该市最富有的地区也是如此。随着越来越多的人失业或就业不足，为增加收入而进行的斗争使车库售卖成为半永久性事件，特别是在洛杉矶西侧。洛杉矶比弗利山等城市区域已经通过了家庭车库售卖每年不得超过两次的条例。前院，作为私人住宅和公共街道之间的缓冲区，是一处非常不明确的领地。当进行车库售卖活动时，房屋的内部变成了外部，草坪被激活，在室外展现内部空间。展示旧物品、壁橱和抽屉里用不着的物件供公众观看和购买，使往常空荡荡的草坪变成了一个表达场所。不想要的家具、小装饰品和衣服就这样呈现在路人面前，使公众和非常私密的个人空间融合在一起。导致车库售卖激增的经济力量也产生了他们的移动客户，即那些开车穿过城市寻找商品或在去其他地方的路上偶然发现商品的购物者。

在美国洛杉矶东部墨西哥裔的西班牙语区，由于富裕的房主不多，房地产价值也较低，家庭商业存在已久。由一系列社会和经济需要产生的一个更为永久性的物质空间——前院，并以栅栏标示出边界。栅栏构成了家庭和街道之间更为复杂的关系。不同配置的房子、院子和栅栏提供可以轻松适应商业目的的灵活空间。栅栏本身成为广告或商品的展示台。一个广泛的做法是铺设草坪，以创造一个户外店。对于不再外出工作的拉丁裔妇女，车库售卖已经成为一项永久业务。许多人不只是回收二手物品，还从附近的服装厂购买和转售衣服。车库同时是壁橱和商店，进一步连接商业和家庭，并为邻里妇女提供公共场所。男人们使用不同铺设的院落，作为汽车修理或汽车定制空间。这吸引了其他邻里的男人，建立了一个类似家庭和商业聚会的场所。

街头摊贩

在整个城市，非正式摊贩占用边缘和被忽视的地点，比如街角、人行道、通常被铁丝网围栏围绕的停车场和空地，以便于他们接触驾驶者和行人。通过他们销售的商品种类，摊贩为城市空间带去有地区特征的家庭生活。来自无数壁橱的旧裙子形成了女性身份的壁画，便宜的地毯挂满了粗糙的铁丝网，将围栏与柔软的质地和室内明亮的图案叠加在一起，通过这些定义了一个集体的城市客厅，唤醒了住所的多样性，模拟了城市的多样性。这些样式精美的蕾丝、花朵和枕头，以及柔软的T恤和毛绒动物都引起了人与人内心的亲密感，而不是无人的冰冷街道。桌子、椅子和桌布等这些常在家里看到的熟悉物品将公共场所里常被忽视和未充分利用的空间转变为人类可以占领的地盘。商业交换和社会交换，包括利用T恤和海报传递的信息，在这里发生了。摊贩的临时使用占领了这些空间，改变了空间的意义。公有空间由公民短暂占据，私人空间经历了短暂的去商业化。这些空间被暂时从市场上移除，并具有比潜在的房地产价值更高的价值。

贩卖是一种复杂多样的微观商业，日复一日并且来自家庭产品。就像车库售卖一样，贩卖只是对收入的补充，而不是作为一种职业，或者更有可能的是，仅仅支持社会最边缘的人的生存。存在于整个城市中的各种形式的贩卖都公开展现了这个城市经济和社会的多样性。在由中美洲移民组成的社区中，妇女们在家中准备或者打包食物和工艺品，并在人行道上销售，将家庭经济向城市空间延伸扩展。移民洛杉矶这样的社会大戏每天都在街头上演。这些遍布整个城市各个街道的无处不在的卖橘子的小贩是近期的非法偷渡者，他们为了给带他们越过边境线的不法分子偿还债务而工作。其他进行贩卖活动的移民，他们促进了经济流动，但贩卖对他们来说只是为了避免成为血汗工厂里的劳动力，这些人有可能最终会在旧货市场有个小摊位或者开个小商店。这些卖家和他们所贩卖的货物都可以被看作当地的信息，证明了邻里之间经济交换和文化交流的价值。

无论是在洛杉矶市区还是周边的县域，在公共区域、街道以及人行道上

位于 Mid-City 的车库售卖

威尼斯大道中间的橘子售卖点

摆在鲍德温山（Baldwin Hills）拉布雷亚大街（La Brea Avenue）
边的摊位

第六街麦克阿瑟公园附近
丝网围栏上的展示

鲍德温山拉布雷亚大街上的摊贩

东洛杉矶私人车道上的商业空间

阿尔瓦拉多街（Alvarado Street）上的摊贩

贩卖商品都是违法的。然而，当一定数量的贩卖者在某一特定区域定期聚集了足够长的时间后，他们便可以拥有足够的力量影响政治力量去改变这处城市空间最初的用途。这些来自中美洲的小贩们高唱着“我们是小贩，不是罪犯”，在兰帕特（Rampart）警察局前集会，要求获得在没有警察骚扰的情况下进行经济活动的权利。由于许多小贩都是非法偷渡者，这种行为使得他们更加不合法。来自中美洲的小贩成立了自己的组织，雇用了法律代理，迫使城市改变法律以允许他们有限的贩卖。小贩们通过捍卫自己的生活，正在成为城市中的一股政治和经济力量。

民主与公共空间

这让我们回到了一开始我们调查的问题：公共空间如何与民主联系起来？私人在自家车库里进行售卖的行为本身可能不会催生一种新的城市政治，但是我所描述的这种人、场所和活动的共存、组合、冲突创造了一种社会流动性的新条件，开始破坏洛杉矶日常生活中独立的、专业化的和分层的结构。本地人，但也包括开车路过或经过这座城市的人们，这些意想不到的交叉点可能拥有列斐伏尔认为的赋予城市生活的解放潜力。随着机会越来越多，日常空间的活动可能会开始消除种族和阶级之间一些可以明确看到的界限，揭示了一种隐藏着的社会可能性，即这些微不足道的边缘人物如何成为一种微观政治。

在一些具体情况下，正如我前面提到的，公众、空间和不同身份人群的交集可以勾勒出一个新的民主运动的城市舞台，挑战民主运行方式的规范性定义。尤其是围绕一个场所或者一项运动所创造出来的被人类学家詹姆斯·霍斯顿（James Holston）称为“反抗者的空间”[9]的区域。这些自然而然产生的场所带来的变化正在改变如洛杉矶这样的城市。全球和地方的发展进程、移民、产业结构调整和其他经济转型在各个层面都产生了社会的再领土化。具有新的历史背景、文化和需求的居民会在城市中出现，并不断挑战社会生活和城市空间的固有结构。通过对日常生活中具体需求的表达，他们在城市中的经历会越来越成为他们重新界定社会条件的斗争焦点。一旦被动员起来，社会认同就成为政治变革中的政治需求、空间和场所，这可能会重塑城市。

这些发生斗争的公共场所是一个新兴的场所，但并未被完全理解，也未被现有政治秩序所认可。在日常生活中，家庭空间和经济空间、私人空间和公共空间、经济空间和政治空间之间的差异正在变得模糊。变化、多样性以及矛盾性可能实际上正是构成公共空间的本质，而不是失败。在洛杉矶，这些新的公共空间和活动的实现，是通过生活经验而不是建造空间来形成，引发了关于经济参与和公民权益的带有复杂政治意义的问题，通过将这些斗争视为另一种民主发展的萌芽，我们可以开始构建一个新的关于公共空间话语权的结构，一个不再专注于损失，而是充满了各种可能性的公共空间结构。

注释

1 迈克尔·索金编，《主题公园的变化：新美国城市与公共空间的终结》（Hill and Wang 出版社，纽约，1990）。

2 迈克·戴维斯，"洛杉矶要塞：城市空间的军事化"（*Fortress Los Angeles: The Militarization of Urban Space*），载于迈克尔·索金编，《主题公园的变化：新美国城市与公共空间的终结》（Hill and Wang 出版社，纽约，1990），第 155 页。

3 参见尤尔根·哈贝马斯，《公共领域的结构转型：论资产阶级社会的类型》（*The Structural Transformation of the Public Sphere: An Inquiry into a Category of Bourgeois Society*，MIT 出版社，马萨诸塞州剑桥，1989）；以及理查德·桑内特，《公共人的衰落》（Vintage Books 出版社，纽约，1974）。

4 迈克·戴维斯，"洛杉矶要塞：城市空间的军事化"，载于迈克尔·索金编，《主题公园的变化：新美国城市与公共空间的终结》（Hill and Wang 出版社，纽约，1990），第 155 页。第 154—180 页。

5 南希·弗雷泽，"重新思考公共领域：对现存民主的批判"（*Rethinking the Public Sphere: A Contribution to the Critique of Actually Existing Democracy*），载于布鲁斯·罗宾斯（Bruce Robbins）编，《在虚拟的公共领域中》（*The Phantom Public Sphere*，明尼苏达大学出版社，明尼阿波利斯，1993）。

6 琼·兰德斯（Joan Landes），《法国革命时期女性与公共领域》（*Women and the Public Sphere in the Age of the French Revolution*，康奈尔大学出版社，纽约州伊萨卡，1988）；玛丽·瑞安（Mary P. Ryan），《公共领域中的女性：置于横幅与选票之间，1825-1880》（*Women in Public: Between Banners and Ballots, 1825-1880*，约翰霍普金斯大学出版社，巴尔的摩，1990）。

7 亨利·列斐伏尔，《日常生活的批判》（Verso 出版社，伦敦，1991）。

8 爱德华·索亚，《第三空间：去洛杉矶和其他真实和想象中的地方》（Blackwell 出版社，纽约，1996）。

9 詹姆斯·霍斯顿，"公民权利叛变的空间"（*Spaces of Insurgent Citizenship*），载于《规划理论》（*Planning Theory*）第 13 期（1996 年夏季刊），第 30—50 页。

都市匠人

莫娜·霍顿

欧内斯特的花园

丹尼斯·凯利　拍摄

多年以来，我走遍了好莱坞市中心月桂谷（Laurel Canyon）街道周围的每一条小径，结识了不少山上的居民。许多人和我一样曾经是嬉皮士，20多岁搬至此地，现已步入中年。但我最爱与70岁以上的老人相处。这里居住着很多老人，各有各的脾性，有人在此已住了50年之久。他们都是真正的波希米亚人，比四五十岁的同龄人更放荡不羁；20世纪60年代中期和70年代早期，40岁左右稍微正常一点的人相继逃离了这里，只有疯子留了下来。我家之前的房客在铁蝴蝶乐队搬进街对面的房子时就搬走了，他说“这真是最后一根稻草了”。1967年“嬉皮之夏”前后，瘾君子和长发艺人们涌入这个宁静的社区，然后待了下来。

其中有一个人非常特别，名叫欧内斯特·罗森塔尔（Ernest Rosenthal），我经常找他玩。第一次见到他还是14年前。那时，我家的小狗崽查科（Chaco）需要运动，为了耗尽它的体力，我俩沿着土路一直往前走，四条腿的小疯子能跟我走10英里。一天傍晚，查科跑在我前面，我越走越远，想探探它的极限。急转弯之后是灌木丛生的山坡，山顶上有一座谷仓红的房子，通过凸窗可以俯瞰柯克伍德峡谷（Kirkwood Canyon）。再往前走，道路越来越窄，小路尽头是一条桉树拱成的暗黑隧道，周围的树木无人修理、杂乱无章。我怀着好奇心，继续往前走。

查科跑在前方200英尺远，冲进阴暗的洞穴，又匆匆爬出来，眉头深锁。我放慢脚步，小心探入那阴暗的地界。

眼睛慢慢适应黑暗后，只见头顶大朵大朵的黄色金杯花缠绕在桉树枝上，上方的苞芽盛极而凋，枯萎腐烂，刺鼻的气味混着甜香，落花铺满前路。我每向前迈一步，身上的鸡皮疙瘩就一直不停地往外冒。

再往前走，左侧有一条车道，通向远处峭壁边的房子；右侧奇形怪状的篱笆（混搭着尖木桩、葡萄桩、平角桩）围起来显得枝叶繁茂，其间几无空地，只有些狭窄的小路穿过林间，树上挂着一些陶罐子或是棚架之类的东西。出于好奇，我伸手拨开树枝，想看得清楚一些。

“你好?”

我吓了一跳，转过身去，面前是一个矮小结实的男人，稀疏的白发后梳，白须沿着下颌线生长，一看就是经过了精心打理。他的鼻子大小形状很有特色，一双蓝眼睛紧盯着我，破烂的衣服紧裹着壮实的身体——胸膛结实，手臂肌肉发达，脖子上系着一块方巾，脚上的靴子用丝带系紧。

“哦，你好，”我有点尴尬，感觉自己像个窥探者。

“需要帮忙吗?”

我指着灌木树篱说:“那儿很美。”

“春天来了，”他回应道。

这时，一只松鼠从树上窜下来，查科猛冲而去，碰到了男人的膝盖。我赶紧道歉，去追我的狗。

“我叫欧内斯特·罗森塔尔。”他冲着我身后说。

我也转身说了自己的名字。

那天晚上，我的小狗睡得很沉，一觉睡到天亮，没有吵醒我，从此这条路成了我们最喜欢的去处。后来，大概在第三次或第四次去隧道时，我又遇到了欧内斯特，他正用一把简便而久经磨损的短柄镐在路边挖土，这是一种被他称为“钢锥”的登山用具。几年后，我才听说他年轻时在奥地利待过，两次世界大战之间曾攀登过阿尔卑斯山。这天，欧内斯特没多停留。他在路边发现了一棵澳大利亚树蕨，需要刨点土去种树。“一定是从皮卡车上掉下来的。”说完他继续专心挖土。

我常来这条路散步，每走一趟就更熟悉欧内斯特家附近的地形。他的房

子在山上，俯瞰两侧风光，一边是柯克伍德峡谷，另一边则在月桂谷。从某个特殊的角度可以瞥见他家屋顶，小小地依偎在山间。

一个星期五的下午，我和查科路过欧内斯特的房子，他突然从灌木丛中跳出来。“我的紫藤开花了，”他邀请我去花园看看。我把不听话的查科栓在柱子上，跟着欧内斯特进了门。

他从一段狭窄的楼梯往下走，我跌跌撞撞地跟在身后，努力跟上这个岁数是我的两倍有余，但身量仅有我一半的男人。他在楼梯口停住脚步，我也在他身边停下来。清冷的空气中混杂着浓郁的泥土气息，我感觉得到欧内斯特在看我，看着我欣赏风景——右侧是他的房子，由糙木和玻璃打造而成；眼前一片绿意，树木、藤蔓和灌木郁郁葱葱，绿得各不相同；之前在逦弯的路上，我只看到了树冠。

“紫藤在这里，”他向左边跑去。

我贪婪地欣赏着美景，同时小心翼翼地跟紧房子主人，生怕他一旦消

失在视线中，我将永远迷失在小径与楼梯纵横交错的迷宫里。一切都层层叠叠，那些上下生长、绵延不绝的并不是植物，而是各种奇形怪状的金属、石头和木头：轮胎圈、汽车斜坡垫、钢筋、镀锌管、金属板、牛奶箱、砖块、水泥块、巨石块、刨花板和纤维，仿佛是刚从土里长出来，与蓝色树胶、柠檬草、金色竹子和洋槐一样，都是景观的一部分。欧内斯特在一个拐弯处消失了，我加快了脚步找到他才停了下来。他站在一小块空地上，头向后仰。他身上穿着棕褐色紧身裤和深绿色紧身 T 恤，这一身看起来像是从福利捐助箱里翻出来的旧衣服。真正吸引我的是他的脸，天使般的神情，陶醉于这一方天地。他抬头望着漫天盛开的紫藤，花茎沉甸甸的，一束束的蓝花从凉棚上垂下，胖嘟嘟的大黄蜂潜入其间。

自从那晚紫藤花之约后，我和欧内斯特就成了朋友。我带着远足的朋友拜访他，问他是否有时间和大家分享美景与欢乐时，他总说有时间。傍晚每每经过他的房屋，查科不再继续往前跑，而是站在我身边，在微风中高高扬起灰色的鼻子。欧内斯特会邀请我进去看一些特别的东西，也许是他迷宫里的新玩意儿（他找来些废弃的铁路枕木把山坡垫得平坦了些），或者是某种特别美丽的植物。这儿从来不乏新鲜事物、盛放的植物，或是惊人的作品。今年的新奇玩意儿是一个巨大的鸟笼式建筑——细铁丝网延伸到巨大的钢筋拱门上，用铁丝支架固定住，插入 6 根 5 码长、直径 2 英寸的水泥墩镀锌管中。这是欧内斯特的户外蔬菜大棚，可以防止浣熊、负鼠、松鸦和知更鸟捣乱。

这些年，我常看到欧内斯特跑这儿跑那儿，往他的小卡车里装废弃材料。他对自己找到的东西并不挑剔——从旧屋顶椽子到各种金属废料，如汽车、冰箱、洗衣机、烤肉架上取下来的零件，等等，无所不有。他会捡拾任何能用来装点和维护两面陡峭山坡的东西，那里承载了他的梦想——他一直想要打造一个足以使来访者迷失而沉醉的福地。

但是，欧内斯特最吸引我的不是这一两件小事，而是他整个的人生经历。从州立大学退休后的 20 年来，欧内斯特始终用心生活，在山顶施展着想象力。他每天精神矍铄地走出门去，找寻需要发现的风景。

上周，我在他家东北角与他偶遇。他秃顶的脑袋上裹着头巾，正在安装一扇精致的锻铁大门。他告诉我，这门是从一所正在改建的房子外面的垃圾箱里找到的。尽管这扇门通往不了任何地方，但在陡峭的山坡上却显得特别漂亮——我是这么说的，他也这么认为。

“等水泥干了，门固定了，我要在这里做些有意义的事儿。”他向空中挥动着钢锥，笑着从超大牛仔短裤口袋里掏出一把破旧的水平仪。

我离开的时候，他正把水平仪靠在垂直的立柱上。也许再过一两个或者两三个月，我再次经过此地时，他会邀请我一同走下一段用汽车斜坡垫或倒下的桉树制成的楼梯，通过一两条小路穿行于一片加那利岛金雀花和岩生庭荠，或者矢车菊和蓝色玛格丽特花海。

欧内斯特自得其乐，沉浸在没有尽头的事业中。这里有供他表达的空间，一切想象皆有可能，欧内斯特就是这样一位都市匠人。

怪老头的垃圾世界指南

约翰·雷顿·蔡斯

哪里有垃圾，哪里就有生命。一个周末，我来到和朋友共用的办公室，发现一位反社会心理治疗师往我们的垃圾箱里扔了很多东西，这些垃圾重现了他的悲伤。其中有和他谈过恋爱的女客户写来的信，字里行间满是愤怒，报复心可见一斑。另外还有一幅巨大的、几近完美的水彩画，画中是新纪元风格的天使，看上去和蔼可亲，散发着治愈和宽恕的光芒。据我所知，扔垃圾的治疗师有许多小熊维尼等各式毛绒玩具，供病人拥抱，诱导他们进入一种虚假的安全和关怀之中。

这位既拯救又伤害他人的心理医生还创作了许多不太靠谱、文字简单的鸡汤文——例如怎样把性爱魔法引入婚姻，或者多少勺冰激凌才能安抚心灵之类信口胡诌的大部头。我既觉得应该给州执照委员会打个电话举报他，又觉得这位特殊的治疗师必将面临恶报，而我一点也不想置身事内。更加明智的做法就是把垃圾拖到圣费尔南多山谷边长满橡树的乡村峡谷里，我们的垃圾处理公司一直往那填埋垃圾，破坏风光。我相信，至少有一位愤怒的女士已经采取了报复（可怕的是，如此来信的女病人绝非一两位）。我只希望经此之后，这位神奇的先生跑去另一个州卖鞋或兜售保险，而不是继续像分发派对礼物一样到处留情。他唯一的社会贡献就是证明了我的观点：垃圾确实是记录人类行为的一种神奇媒介。

THE TWO CONQUERING VEHICLES OF ALLEYDOM: THE DUMPSTER & THE SHOPPING CART.

几乎所有的财产最终都会变成垃圾，关于垃圾的话题可谓无边无际。我的小文并不关注整个垃圾桶，而是把垃圾看作地理标志、交易与生活，以及象征意义，这便是我选择讨论的垃圾范畴。

对于像我这样住在洛杉矶威尼斯街的人来说，迷恋垃圾很正常。威尼斯街是 24 小时开放的露天垃圾市场，人们在这里存放、分类、买卖、赎回和清除垃圾，这种交易多少归功于鼓励回收利用的法规。易拉罐、瓶子和纸制品可以兑换现金——虽然钱不多，但足以让流浪者和穷人觉得划算。他们知道威尼斯街到处是汽水瓶和纸板，除了这些变废为钱的交易外，当地居民还把旧衣服和其他废弃物放到垃圾桶顶盖上做慈善捐赠。

垃圾是混乱的化身，这一可怕的事实表明我们向往的事物可能隐藏着两面性，阳光所在之处必有阴影，再美善的事物下也藏匿着污秽的一面。茂盛的草地修剪成了草坪，盛宴过后只剩下残渣，丘比特般的婴儿使用过的纸尿裤也肮脏不堪。控制垃圾就是对无序状态的象征性打击。我从小就从父母那里学到了这一点，母亲教会我把烛台和餐具搭配在一起可以征服一切。为了不冒犯礼仪女神，供品应如此殷勤地堆叠在祭坛上。

从父亲那里，我学会了如何谨慎地处理剩余的祭品以及垃圾管理的细节。父亲小心地处理快乐与烦恼，行动却很直接，无论是买腌猪蹄吃，还是早起去见收垃圾的人。我年轻时认为垃圾工是服务工作者，他们蜂拥至南加利福尼亚州中上阶层的郊区，让“乌托邦”重新焕发光彩：他们保证地板光亮，床单整洁，洒水喷头无误地喷射出精细喷雾。爸爸总觉得这种收垃圾的安排不够完善而且可以避免；我小时候很不认同，反倒认为收垃圾是理所当然的事情，是生存的基本条件。如果父亲发现垃圾太多，意识到我们位于米兰大道 1410 号的家里每周制造的垃圾超过了法律或社会的清理定额，他会提早几天就开始发愁并规划解决策略，例如在合适的时机递给垃圾工一叠绿色钞票。

但是在生命的最后时光，他的秩序感更加令人担忧。我曾多次去父亲家探望，看到家里到处散落着纸片，几十年来的账单、纳税申报单和私人文件。母亲躁郁症爆发时，我和姐姐从小到大的照片也是这样撒满了客厅。

控制垃圾，就能控制整个宇宙，控制所有从有意义、有用途的领域中逸散出来的空气，进入更大的、无形无相、充满敌意的宇宙。父亲对垃圾清理方式的执迷，让我不胜其烦，这并不是一个值得成年人关注的话题，但也意味着我也很快会和他一样对垃圾上瘾，甚至更加疯狂。30 多岁时，我染上了他的毛病，不由自主地把皱巴巴的香烟包装纸和压碎的啤酒罐踢进排水沟。现在，我需要一些意志力，才能在走过一堆诱人的皱巴巴的香烟包装纸时不予理睬。虽然有些羞耻，但不知为何，我总觉得自己踢开的每一脚垃圾，都在让世界变得更加美好。

搬到洛杉矶另一个社区银湖（Silverlake）的桑伯恩街（Sanborn Street）后，我才真正了解到了垃圾世界的潮汐和季节性流动。在那里，每天车流人流经过后都会留下新的垃圾，某天是长长的纸带、一串串破碎的录音磁带条，后一天就变成了麦当劳开心套餐的残羹剩饭。每一个明媚的黎明都会带来一个崭新的日出、一份新的晨报，以及一大堆新的瓶子、罐子和糖果包装纸。如果我哪天不去捡垃圾，第二天前院看起来就像刚开过伍德斯托克（Woodstock）音乐节一样混乱。

搬到威尼斯街后，我便不再是当地的垃圾之王了，在这个新街区，王者头衔属于布奇（Butch）。布奇胡子花白，但牙齿大多是真的，性格愤世嫉俗。他是隔壁大楼的经理，我把他管理的大楼称为 911 公寓，因为公寓住户的生活有各种不同的暴力色彩。过去两年里，我一直关注着 911 公寓的垃圾箱，看布奇是如何巧妙地处理垃圾。他会爬进垃圾箱，跳上跳下把垃圾压扁，这样垃圾箱盖就会合上。

TENEMENT 911 REAR DOOR VIGNETTE
AFTER A DECEMBER RAIN.

自从一家当地的鱼餐厅开始偷偷地把散发着臭味的边角料倒入垃圾箱后，布奇就对垃圾箱里的垃圾格外警惕。我很理解这种感受，因为我曾经办公的那栋大楼对面有一个牙科实验室，他们曾在夜深人静时往我们的垃圾箱里倾倒带血的棉签和牙齿石膏模具，必须把垃圾箱挂锁才能防止他们违法倾倒垃圾。我讨厌他们乱丢医疗垃圾，因为我总是会不小心扔掉重要的东西，然后就不得不跳进垃圾箱去翻找。

每天，布奇都会像个监管者一样，带着他的妻子奇瓦瓦（Chihuahua）在街区附近巡视两次，掀开盖子检查里面的垃圾是否可疑。谁偷走了垃圾箱里的空间，谁就会遭殃。布奇的垃圾箱管理政策包括立即将误扔物品归还给可能的失主（我的个人经验告诉我他并非次次猜对），同时为他自己或他的房客搜寻有潜在价值的物品。有时候布奇会拿走可回收垃圾；我还没弄清楚这是为了整点瓶瓶罐罐换啤酒钱，还是为了防止巷子里的“小偷”获利。

洛杉矶市详细制定了一个官方批准的回收计划，并配备专门设计的垃圾车，这些老出故障的垃圾车偶尔会散架，使倒霉的司机丧命。垃圾车还有专门配套的垃圾桶，以及小型塑料回收箱，用于存放更贵重的金属和玻璃。每个垃圾桶有单独编号，这是官僚思维框架下的杰作。在洛杉矶街头，贩卖可卡因可以不受惩罚，但教育、社交与就业机会在不同社区、人口和种族群体之间存在着巨大差异。而在某个地方，提出收垃圾这一无耻的乌托邦式行动计划的官僚天才们，他们在垃圾桶扔进卡车时清点着编号，就像沉沉入睡前数着跳过铁轨的绵羊数那样，内心为洛杉矶人生活在一个垃圾井然有序的城市而高兴。

从某种意义上说，统一处理垃圾桶并不符合美国人的作风，似乎显得洛杉矶人的个人和家庭卫生并不值得信任，也许下一步政策就是官方统一发放马桶刷、牙线和整洁内衣。和许多新的政府项目一样，拆东墙补西墙总会让麻烦接踵而至。垃圾处理专员要求将垃圾桶和回收箱摆放在街边，从而挤掉了数万个停车位，恶化了城市居民区脆弱的停车生态系统，却丝毫不考虑被垃圾桶占地的汽车该停在何处。

排列整齐的官方机构发布的垃圾桶缺乏传统金属垃圾桶的镇定沉稳。很难想象巷子里的野猫站在这些当代新品的上面，对着满月嚎叫的场景。高速追车中逃逸车辆撞坏的新垃圾箱也毫无辨识度，无法通过凹痕、生锈的痕迹来区分。也就是说，你如果见过一个洛杉矶官方垃圾桶，就相当于见过了当地所有的垃圾桶。

现实生活中，复杂的市政基础设施大多无人重视。威尼斯街的回收工作不由市政负责，因为市政卡车来时，可回收物已所剩无几：亮黄色的塑料垃圾桶已由一队队捡罐头、纸张和瓶子的人打扫干净了。回收计划是一种隐喻，说明政府官员和大众不断试图通过立法来建立一个完美世界，这个世界在任何情况下都不会以任何方式伤害到任何人。但这种愿景对普通公民要求太高，税负太重，人们最终选择对完美的规则视而不见。这样一来，理论完美的垃圾回收官僚主义与废弃商品的回收经济始终并存。

这个属于怪胎和无产者的街区，激起了我内心的矛盾，我一方面享受着威尼斯街反叛传统的精神，另一方面却像所有的资产阶级一样，渴望着可以预见、邻里亲切的生活，试图与弱势群体和无产者划清界限。

威尼斯街的垃圾是不同收入阶层之间的交换媒介，是一种私有化的非正式福利。有时候，有些人把扔掉的衣服轻放在垃圾桶上，甚至洗净、折叠整齐，还熨烫过；以往，这种旧衣服可能会进二手店。我的邻居认为，她把旧衣物放在我的垃圾桶上就是做好心人了。但于我而言，这种慈善行为侵犯了我的领地；即使能补贴小巷经济，可我并不喜欢，她把捐赠物扔进我的垃圾总会瞬间激起我的控制欲。尽管我对于垃圾桶的主权问题有些不悦，但也曾像她一样以慷慨自居，尤其是我第一次搬进来、整理老房旧物时，总是忍不住想把不需要的东西留在街巷。

TWILIGHT STEALS OVER THE HALF-EMPTY PUMP DISPENSER OF LUBRI-DERM AND RUNNING SHOES, PLACED ATOP MY TRASH CAN (REGULATION L.A. CITY ISSUE) BY MY NEIGHBOR WHO BELIEVES CHARITY BEGINS AT <u>MY</u> HOME. THE SMOKE TRAILS FROM THE VENT ARE VAPOR FROM MY DRYER.

AS THE SUN SETS OVER THE PACIFIC
JUST BELOW THE PALM TREE
A CHEERFUL, WHISTLING ALLEYITE
RUMMAGES THROUGH A DUMPSTER.

我对这种放任度很矛盾，因为小巷拾荒者主要是酒鬼和瘾君子。躺在我对面露天车库里那个骨瘦如柴、留着胡子的老人，睡觉时胳膊上还插着针头。我并非心甘情愿住在附近，也不想为此买单。

在小巷里，不同经济阶层之间、合法与非法之间的斡旋时常上演。一个小巷居民把一排空瓶子整齐地排列在墙边，或者小心地把一条刚洗过的破毯子叠在垃圾桶上面，交易就开始了，对一个经济阶层毫无价值的东西会成为另一阶层的宝贝。小巷居民多余和不要的东西成了流浪汉的命脉，垃圾成了交换的媒介，居民们迅速清除废品，同时有种“做了慈善”的精神奖励。丢弃在小巷的东西，对主人来说已不再具备商品的经济价值，但在小巷里可以恢复原来的一小部分价值，成为非官方经济的交易存货。

我时常看到人们努力给捡到的物品赋予新的意义。一个隆冬的黄昏，我回到家，发现胡同里的一个吉普赛人正在专心改造一个很大的长春花陶瓷花瓶。他在人行道上敲打着瓶身，有条不紊地敲掉上面的碎片，还不时停下来举起花瓶，看看自己的进度。把大部分碎片敲掉后，吉普赛人开始在地上转动花瓶，努力磨掉它的残余部分。可惜最后的成品还是失败了，他把花瓶留在了 911 公寓的停车场，至今也没人拿走。

垃圾的存放关乎领地问题。如果某人在某个地方丢了垃圾，他或她就宣示了对该地的主权，好比动物通过留下气味来标记领地。如果有人在喝完最后一口酒后把酒瓶扔进我的栅栏里，就相当于对我的院子宣示主权。如果有很多包装纸、报纸和其他碎屑在我的小块儿地上打转，我便觉得丧失了自己的领地控制权。911 公寓疯狂派对后到处都是垃圾，然而银湖社区边的垃圾和我家门口海滩上的垃圾，意义大不相同。

垃圾是不同时刻街巷人类活动水平的直观记录。垃圾桶的盗窃事件和散落的垃圾数量反映了目前小巷的流浪汉人数，而是否存在大量垃圾则预示着未来的社会秩序。小巷有时看上去像是《公路勇士》（*Road Warrior*）和《重生男人》（*Repo Man*）的组合，到处是翻倒的易拉罐和堆满的购物车的时刻，正是流浪汉队伍最庞大和最活跃的时刻。周二早上垃圾车到达之前，“垃圾分拣员”早已挤满了小巷，就像海鸥群尾随着渔船一样，因为这时垃圾最多。

街巷沿途的院墙清楚地标明着私人所有，然而小巷中堆放的废弃物却改变了所有权，不再受到保护，成为大众公平竞争的对象，沦落为流浪汉的猎物。这些四处散落的废弃物划出了公共与私人空间的界限。一些小东西标识出私人空间的边缘——两三阶台阶、一堵半高的墙桩，或者一个悬挑阳台。一个没上锁、没垃圾桶的院子，即使放着儿童三轮车这样值点钱且容易搬走的东西，可能几年下来都不会有外人侵犯，因为这些东西难以变现。但如果在院子里放了个垃圾桶，就另当别论了；有时，流浪汉没得选择，不得不侵犯私人领地，从垃圾桶里刨出可回收的战利品。垃圾的存在将任何空间都变成了小巷的一部分，实际上转化成了公共空间。就在垃圾车来之前的收垃圾高峰时段，小巷的公共空间甚至延伸到隔壁 911 公寓的停车场。

今晚七点，离我家 25 英尺远的露天车库里，将会出现四个铺盖卷。自我两年前搬到这里，睡在那儿的人已经换了五六批了。小巷自有其人文生态，空出来的位置很快就会被补上。现在住在车库里的人格外遵守居住守则，他们会在固定的时间来去。由于没有购物车，他们不在的时候不会留下一大堆东西，也不会邀请一大群闲杂人等。实际上，车库就像一个酒店房间，门上贴着一套打印好的《住房守则》和退房时间表。这些住客小心翼翼，尽量避免留下入住痕迹，也减少了对名义上私人空间的侵犯，以免损害他们夜晚继续在此安居的权利。

这条小巷是真正意义上的公共空间——没有人被排除在外。睡在我家对面车库里的流浪汉，不管在这里待多久，都和我一样，是这条小巷的居民，对于晚上睡在哪里住在何处的问题，可不比我迷糊。在白天的黄金时间，这条小巷会涌入许多走捷径的海滩游客。小巷的空间利用也取决于天气，天气越热，太阳越大，冲浪爱好者就越多。有些时候，佐纳 · 罗萨（Zona Rosa）公寓大楼的清洁工占据了这个地区，在流浪汉睡觉的露天车库旁的一

SCRATCHING POST, RECYLING BIN (AS YET UNPLUNDERED) AND WOOD BUNNY BY BACK STEPS. (THERE USED TO BE 2 BUNNIES BUT SOMEONE STOLE THE OTHER BROTHER BUNNY)

CAST YOUR BREAD UPON THE ASPHALT:
WONDER NO MORE:
RATHER PIGEON FEED

个封闭车库里经营非法家电维修业务。有一段时期，小巷的环境实际是由我对面一栋公寓（非 911 公寓）的租户控制的。我很惊讶，他们竟不顾小巷的恶劣环境，在阳台种花浇水、在屋外打电话。

小巷空间没有得到官方的界定或规范，难免出现非法活动。有人在此随地大小便，有人聚众吸毒。911 公寓疯狂时期的尾声阶段，小巷就像它的附属品。走下我家的台阶便是满目琳琅，我的车库门前摆满了精选的赃物和残次品，围着一圈估价的小巷居民，就像一群郊区购物者在跳蚤市场里交头接耳。小巷里也时有盗窃行为发生，丢的主要是自行车或工人卡车上的工具。小巷里的柏油路上经常落满了破门而入后的残渣、碎车窗的绿色玻璃屑。

流浪汉和小巷居民并非互不相容，也不是互无关联，很难简单地把一个人仅归入其中某个群体。小巷居民之间存在着各种并不长久的人际关系网，流浪汉有时也纠缠其中。911 公寓里就有租客和流浪汉是朋友，有时他们会一起在小巷里痛饮狂欢，有时流浪汉会直接睡在住户的公寓里。对面公寓刚戒毒的瘾君子和住在小巷附近的前毒品贩子（前者人还挺有魅力）有一个共同好友，这人要么睡在毒品贩子的车里，要么睡在瘾君子的公寓里。人们经常看到他一边嘟嘟囔囔，口若悬河，一边在他那辆用绳子和纸板修补起来的破卡车上工作，因驾驶座侧门绑死了无法使用，他一般都从车窗里爬进车内。

小巷拐角处的那栋小屋空置多年，911 公寓的一位前住户在与房东达成一项特殊协议后成为新主人。房子里满是垃圾，他就把垃圾分开倾倒在不同地方来解决问题。这个边缘性反社会人士以为我没发现，趁夜偷偷把成堆垃圾塞在拐角处的公共停车场、911 公寓门前和我的垃圾桶里。

新房客与在街上和巷子里结识的人神出鬼没。拉不拉窗帘、换没换床单就成了是否正在幽会的信号。房子下面的架空层里（不超过 4 英尺高），铁丝网旁有纸片装饰窗户意味着有客人来；几天后，纸片消失，架空层的小门重新上锁。

I STRONGLY SUSPECT MY EVIL NEIGHBOR TWO DOORS DOWN OF ABANDONING HIS SKELETAL CHRISTMAS TREE IN THE ALLEY JUST TO ANNOY EVERYONE.

这位 911 公寓前住户租房之前，小巷里一个流浪汉占据着这所房子，他是当地一个臭名昭著的醉汉，脚趾上有粉色斑驳的疤痕。这个臭酒鬼喜欢骚扰女性，挑衅男性，为人狡猾又厌世，常趁着天黑，穿过我仁慈邻居的院子，偷偷摸摸地进进出出。他们一直都知道他住在那里，但原则上不会剥夺任何人的居住权。

相比静态空间，小巷更像是一个城市潮间带。在这里，没有特权、缺少法律和经济支持的人比那些有权有势的人流动得更快。除了伪装成垃圾场外，小巷还有许多其他身份。不管怎么样，垃圾是决定这个地方特征和用途的因素之一。与此同时，垃圾也持续同步记录着当地时事。和日常都市生活的其他方面一样，垃圾研究揭示了官方认可和未认可行为之间的相互作用，随着一系列个体行为的不断累积，垃圾处理实际上成了一种特殊的用户调查问卷，解释了使用、体验和评价城市空间的原因和方式。

阿尔瓦兰多街（Alvarado Street）634 号，麦克阿瑟公园，1996 年 12 月

萨瓦多雷诺（Salvadoreño）指着拱门上的饰物说："那是当时。"然后看着拱门内的标志说："这是现在。"

他们在这里预见伟大未来：洛杉矶，拉丁美洲大都市

卡米洛·何塞·维加拉

通过强调人和戏剧性的灯光来夺人眼球的图像并不能揭示城市的形态。如果一个建筑可以引导我们去关注人类发展的故事，那要归功于它的功能结构和外观了。我认为我的作品是一种手段，可以通过这些作品了解城市最近的历史，同时，城市居民也成了他们周边环境的主要口译者。

这些洛杉矶的照片是在 1996 年和 1997 年拍摄的。前 5 次访问中，我拍摄了洛杉矶的中南区、贫民区（Skid Row）、康普顿（Compton）和东洛杉矶。在后来的旅行中，我注意到了不同之处，这让我很惊讶，我试图捕捉这些照片中的差异。例如，在独栋住宅占主导的城市，新的多层住宅会更具有老美国大都会的特征，他们正在改变洛杉矶街道邻里的面貌。洛杉矶以大型壁画闻名，但我发现商业和宗教信仰更有活力和自发性。

当我在城市漫游时，我被中南区和康普顿从以非裔美国人为主发展到主要以拉美裔人口为主的变迁所震惊。当一个叫埃斯美拉达（Esmeralda）的理发师把第二十街周边地区和中南大道（South Central Avenue）称为“小墨西哥”时，我并不觉得惊讶。在拉美裔房地产代理的门前挂着很多“出租”或者“出售”的标牌，这意味着比较富裕的非裔美国家庭会继续搬离中南区。留下的非裔美国人在邻里人口中的比例会越来越少，对领土权实际和象征性的主张使这里的气氛越来越紧张。

从相反的角度看，一个黑人工程师和一个拉美裔工人都评论说西班牙语的人涌入洛杉矶东南部，说他们是来创造属于他们自己的墨西哥的。拉美裔人看到的是他们重回曾经属于他们的那一片土地的喜悦。而黑人看到的却是一场“侵略”，给他们带来的是薪资的下降和社区里难闻的二流商店。他重复了几次，“他们成倍增长”。

在纽约，我向城市专家展示了我在洛杉矶的部分工作。他们总是断定洛杉矶是一个特殊的城市案例，西部的情况似乎要好得多，这令我感到很惊讶。即使是充斥着廉价旅馆、小型工业和仓库并以此为支柱的贫民区也在创造就业方面取得了重大成功。这些美国东部的专家鼓励我，不要把目光局限在我的照片前景中那些无家可归者身上，要看向他们身后的工业建筑。这些小型的相互依存的企业生产的是有价值的产品，它们代表了真正的城市经济。

“小墨西哥”很大，而且会变得更大。在洛杉矶县，讲西班牙语的人都惊讶地发现自己在一个如费城大小的拉美裔环境中，这在移民的历史上是绝无仅有的。他们不明白为什么在不到 20 年的时间里，盎格鲁人（Anglos）“搬到山上”，黑人退缩到郊区，留下这么大一片土地。洛杉矶是一个惊喜，在这个城市东南部最贫穷的部分，我亲眼看见，这些现今的征服者正在如何亲手建设一个新世界，无需盔甲和马匹。

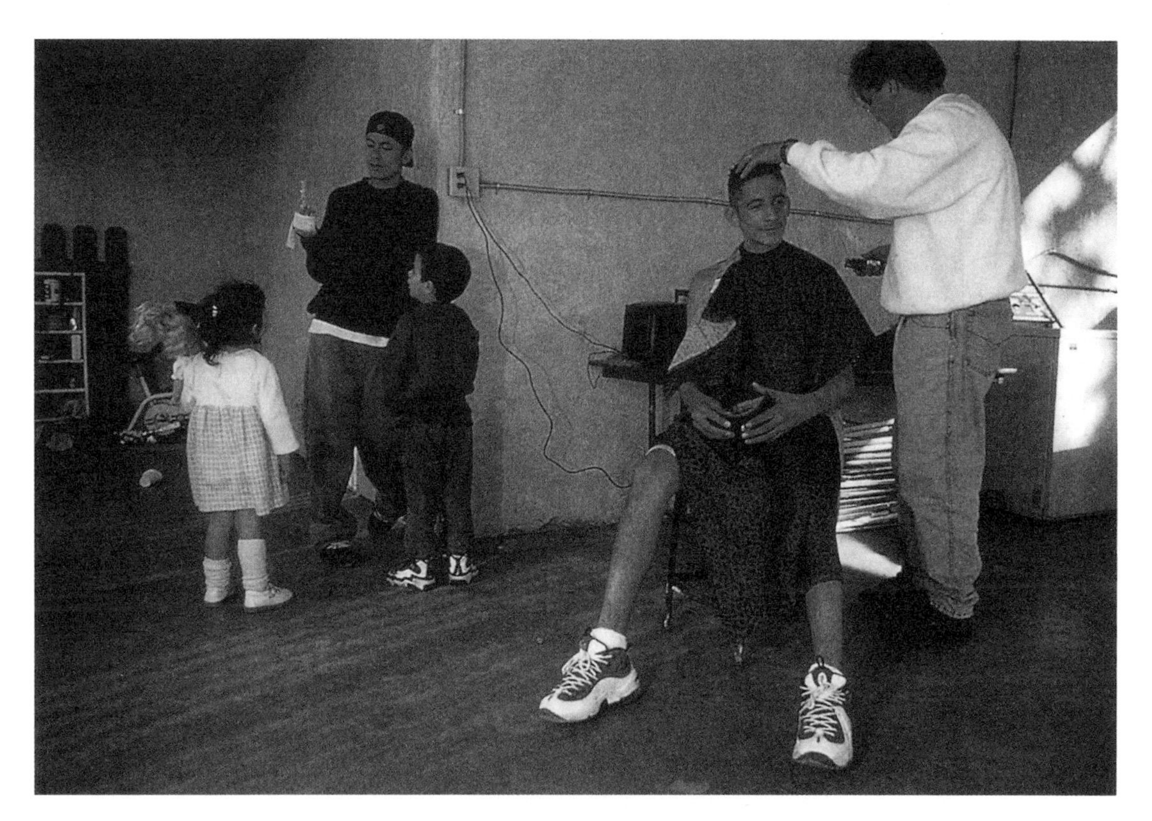

1996年11月，沃茨（Watts），位于第108街的杜松子街（Juniper Street）西段

理发师胡安（Juan）在家中营业，同时也教年轻女孩们在她们成人礼派对上要跳的华尔兹。在沃茨的一间车库里，他正在给一个叫马克（Marc）的15岁少年理发，这个少年全家都来自墨西哥的纳亚里特州（Nayarit）。

1996 年 11 月，沃茨，位于堪萨斯大道（Kansas Avenus）的弗农街（Vernon Street）
胡安和他的儿子托尼（Tony）在前院卖从他岳父的工厂里运来的床垫，这些床垫售价约 120 美元。

1997 年 1 月，康普顿，位于阿伦宾大道（Aranbe Avenue）的斯托克韦尔街（Stockwell Street）

在 1992 年的暴动中，扬（Young）女士开在康普顿的商店被洗劫一空。于是她们一家人搬离了这个商店，并希望在其他地方开一家新的商店。

1996 年 10 月，洛杉矶中南区，菲格罗亚街（Figueroa Street）和第五十一街

从墨西哥来的雷蒙（Ramon）和贝尔塔（Berta）手里拿着名片正在等待公交车。当他们上车后，他们会将自己的画作向乘客展示，试图获得佣金。

1997 年 11 月，洛杉矶中南区，福尔摩斯大道（Holmes Avenue）和第六十一街

何塞（José）和杰西·桑多瓦尔（Jesus Sandoval）用 100 美元买下这辆卡车，但这辆车不能开，他们用这辆车开了一家修鞋店。

1996 年 10 月，洛杉矶中南区，主街（Main Street）

诸如图中的标志牌被挂在洛杉矶中南区空地外的围栏上。

1997年2月，洛杉矶中南区，克伦肖大道（Crenshaw Boulevard）和佛罗伦萨大道（Florence Avenue）

杰德（Jade）的标志牌被绑在整个洛杉矶中南区的围栏上。它们都是矩形的，使用了相似的配色方案，并结合了三角形和人脸图案，但每一个又都不相同。

1996 年 11 月，洛杉矶中南区，马丁 · 路德 · 金大道（Martin Luther King Jr. Boulevard）和克伦肖大道

这些标志牌被绑在以前德士古（Texaco）加油站的围栏上。

1996年10月，南洛杉矶，佛罗伦萨大道和第七十三街

在不到10年的时间里，这个街区的生意从非裔美国人手里转到了拉美裔人手里。对一些人来说，这条街是“小墨西哥”；对另一些人来说，街区的变化是一个信号：“他们正在接管”。

1996年10月，南洛杉矶

一对非裔美国夫妇开了一家户外餐厅，作为他们洗车业务的扩展。后来，一个墨西哥小贩把他的卡车停在那里，每月付给店主500美元，把这家餐厅变成了一个墨西哥小吃摊。一年之后，他回墨西哥了，但是洗车店的老板认为卖墨西哥小吃是一个好生意，决定自己来经营。

1996年10月，洛杉矶市中心，百老汇237号

在这个店面办婚礼约160美元起价。

8-0551
237
237
OTROS SERVICIOS
LLENAMOS FORMAS
DE INMIGRACION
LEGALES
CASAMOS a MENORES

1996 年 11 月，沃茨，Seventy-Sixth Place

在自家车库里，来自厄瓜多尔的梅尔文（Melvin）完成了西班牙制造的椅子的框架，他还做了桌子、抽屉柜和其他家具。从每一把售价 800 美元的椅子中，他能获得 120 美元。

1996 年 8 月，洛杉矶中南区，中央大道（Central Avenue）和第四十一街

这家家具店扩展的一片空地，这片空地上原来有一家汽车零配件商店。

第二部分
创造城市

现代城市和城市设计的实践

约翰·卡利斯基

规划的目标是回顾当下以及

展望未来，是愿景而非空想。

——规划委员会报告，休斯敦，
1929 年

城市虽然可以从许多不同专业的角度进行研究、描绘、图解和探索，然而对一个地方的实际经验却无可取代。无论是步行、乘坐公共交通还是小汽车，或是坐在长凳上聆听和观察，还是直接进行参与，我们周围的日常城市现象都被视为理所当然。我在日常工作时经过汽车修理厂见过这样一个例子。那里的设计没什么特别之处。地块的四周用铁丝网围栏围住了。在白天，这样一个油迹斑斑的水泥停车区域塞满了等待修理的破汽车，在这个开放的空间后面坐落着一个没建完的煤渣块建筑，它的金属卷帘门被几扇丙烯槽的窗户分割。在车库门上方，天蓝色背板上手写了他们的经营业务和范围。夹在 7–11 便利店和二手车店之间，它的地理位置并不太旺，也不是传统意义上的好地段。

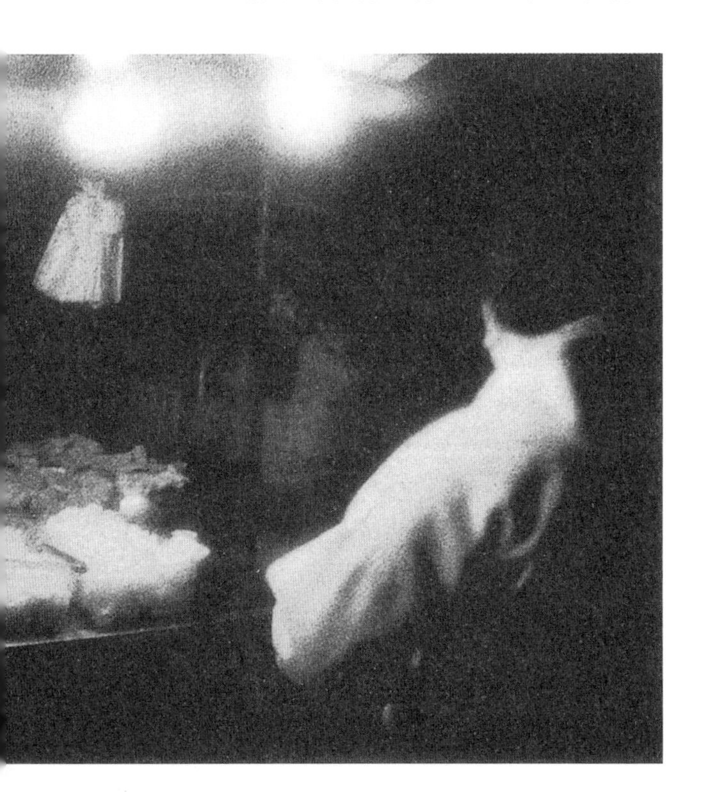

人行道上的摊贩，洛杉矶，1997 年

每晚 6 点左右，在汽车业务结束，所有的汽车残骸被挪进车库之后，一家街边摊开始营业，在汽修店的停车场里卖着墨西哥烤肉卷。在铁丝网上挂着一张硬纸板，上面是手写的“炸玉米饼”，这是这家附属企业的唯一正式招牌。令人惊讶的是，尽管它如此低调，很多人不知怎么找到这个临时的路边摊，把他们的车从繁忙的大道上开了过来，并享用他们的小吃或正餐。在黑暗之中，烤架里的火焰点亮了顾客们的脸。简单的灯泡在临时顶棚上发出朦胧的光，打下一片白色的光环。到了九点钟，这个地块清空了，小贩也离开后，入口再被铁链锁上。

对于大多数设计专业人士来说，这样的维修店和烤肉铺都是隐形的、丑陋的违法物。然而类似这样每天的行为惯例再乘以成千上万次，就构成了我们的日常城市。它拥有自己独特的魅力，通过灵活的方式解决场地和项目的限制，争取更多空间——尽管有时候是一种只能临时解决空间的方案，还要在特定条件和历史的框架下工作。城市中相似的方案比比皆是，而它讲述了一个非凡的人文故事，它有着一种建筑师、景观设计师、规划师和城市设计师都在反复试图捕捉的力量。不幸的是，尽管做了大量和多样的专业努力，在众多规划实践和项目中也只能苍白地模拟实现这种日常的活力。为什么设计一个真实的城市如此难以捉摸？普遍意义上的设计，尤其是城市设计师如何开展促进城市生活的创造实践呢？

城市设计与日常都市的悖论

自 19 世纪晚期以来，建筑师就试图将城市中的趣味性直接转化为城市设计的原则。即使他们被现代城市的神秘性、恐怖性和复杂性所启发以创造新形式，过去 100 年的主流设计意识形态仍然被解释为本质主义的建筑真理。一次又一次的经验表明，这种寻求真理的行为首先妨碍了城市体验的生命力的产生，泯灭了建筑灵感，现代建筑对纯粹概念的追求与现代都市多元化现实之间的矛盾成了 20 世纪城市设计的根本性悖论。

勒·柯布西耶（Le Corbusier）1935 年出版的《光辉城市》（*The Radiant City*）是建筑意识形态与日常都市主义之间不协调的一个陈旧，却仍然是很有价值的例子。在他期望的乌托邦秩序中，这些图景粗暴地废除了城市中的情景节奏。对于柯布西耶来说，城市不需要用于日常生活漫步和邂逅的人行道。他同时还否定了能容纳混合功能以及结合生活和工作的街道。他坚定地推行着功能、人群、建筑和自然的严格区分。他支持基于卫生学立场，对城市密度开展批判，并致力于改善办公人群的生活，他推动摧毁了现存的城市建筑环境以及伴随而生的城市场景。表面上，光辉城市许下了一派理想的生活愿景。在将城市缩小为伊甸园的过程中，它通过宣扬一种清晰可见的绝对秩序，再现了社会现代主义反抗的反动局面。在万丈光辉中，这座差异显著、充满问题的城市，被更加问题重重的等级森严的城市进程所取代。

光辉城市象征着早期现代建筑师对有序而可控的城市主义的向往，就好像它是一个功能性建筑。在第二次世界大战之后，这种做法受到了直接挑战。在20世纪50年代，十人小组（Team X）将传统步行街道的价值观注入了这场建筑辩论中。十人小组成员反对国际现代建筑协会（CIAM）在1933年的《雅典宪章》中提出的宗旨，他们提出的批判性观点是“狭窄的贫民窟街道时常胜于宽阔的再开发项目”[1]。十人小组希望利用他们对日常生活的观察和现有城市形态的理解，在建筑和城市设计中引入一种全新的“希望之魂”[2]。他们重燃对日常都市生活的永恒韵律的兴趣，而他们与日俱增的对地方主义、本土建筑技术和历史学科的迷恋遭到了现代主义建筑大师们的打压。然而，尽管如此，对于十人小组来说，建筑和城市学科已经演变成了抽象概念的训练场。在预示了后现代主义的复杂性的同时，十人小组在整个20世纪50年代依旧致力于实行现代主义运动的国际主义美学，有时会出现在概念人文主义目标与实际实施结果之间的不协调往往令人不安。

奥地利裔美国建筑师维克托·格伦（Victor Gruen）同时期作品探索的主题与十人小组所阐述的主题类似，尽管他是在20世纪五六十年代美国郊区化的资本主义和市场导向的背景下进行的。格伦和十人小组一

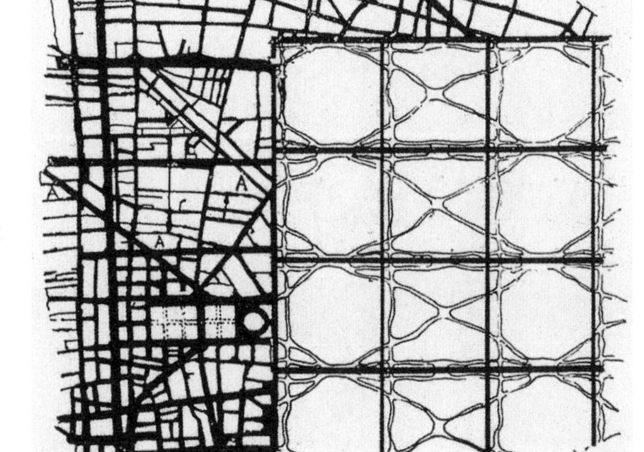

勒·柯布西耶，“光辉城市”草图，1935年

样，致力于将更新的城市街道愿景引入建筑实践中。他将自己对街道的想法与西格弗里德·吉迪恩（Sigfried Giedion）的“时空”概念结合起来，在空间、时间和建筑体系中描述了变化、流动性以及从各种观点同时概念化对象的能力。[3]这些想法影响了大多数现代主义者，并且在格伦的设计中显而易见。不同于勒·柯布西耶却类似于十人小组的是，格伦将同时性的定义拓展到了接纳人行道上的城市社会体验。格伦试图在他的项目中重建与商铺、广场和购物中心相关的日常模式的复杂关系。他仔细研究了这些形式及其现象，并将它们作为一种新的城市主义建筑的基础。

格伦最伟大的发明是第二次世界大战后美国的购物中心，其因对时空利用的实用、高效、消费性和机动性而知名。但格伦也唤起了自己童年对维也纳丰富城市生活的回忆，并试图赋予他的项目以社会城市景观的感觉。基于已建成先例的比例、规模和开放空间，以及包括邮局、社区活动室和活动设施等在内的市民康乐设施，都是格伦致力打造的主街（Main Street）的活动和基调的一部分。虽然格伦追求的是市民生活的传统界定，尽管形式上有所削弱，但是购物中心的发展最终与最初启发他的城市理想完全对立。站在分析的立场，他指出：购物中心“无法将吸引到中心附近的城市功能融入中心本身的物理环境

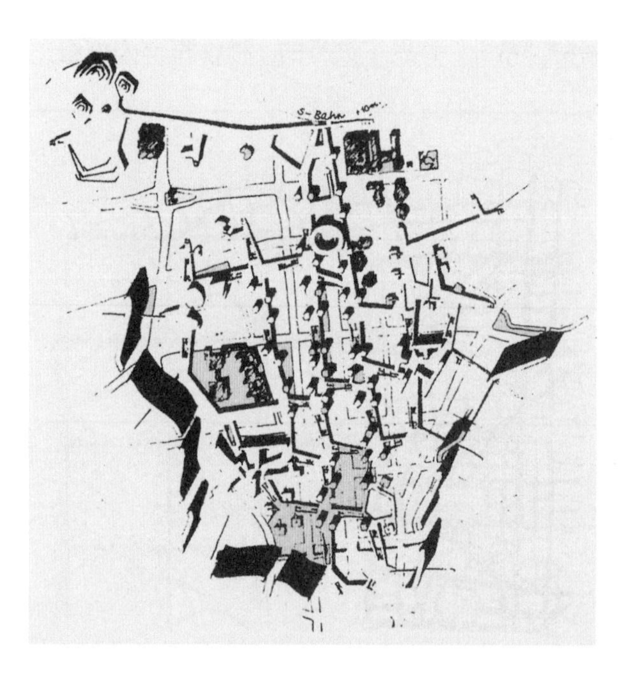

彼得·史密森和艾莉森·史密森，柏林首都项目，1957-1958 年

中”[4]。而从经验的角度来看，购物中心的商业基础加上它巨大的体量最终将消费与预期的日常生活割离。

在金融交易的背景下，购物中心仍然允许他们独有的公开展示及差异。在这种意义上，格伦的策略将现代建筑与传统城镇生活的形式联系起来，使其建筑和城市设计策略比十人小组的工作更深刻，后者由于在建筑方面仍然过于抽象，难以达到预期的效果。

受格伦的影响，随后的购物中心设计师本杰明·汤普森（Benjamin Thompson）、简·汤普森（Jane Thompson）和乔恩·捷得（Jon Jerde）继续试图控制难以处理的购物中心模式，并模拟城市生活。这些努力含蓄地接受了城市多元主义作为城市设计和建筑的灵感——例如，它们吸纳了日益多样化的活动和多层面的视觉复杂性，所有这些都旨在促进自发性——但它们总是受到商场固有控制机制的限制。购物中心的经验表明，克服城市自发性的设计目标与社会现实、经济和政治约束之间的差距绝非易事。无论是反对《雅典宪章》规定的形式导向的现代主义者，还是反对以市

新墨西哥州阿尔伯克基（Albuquerque），温洛克中心（Winrock Center），格伦协会，1961 年

场导向开发为主的建筑师团体，20世纪的设计师都发现几乎不可能在增强而不是模仿城市自发性方面形成方法。

十人小组和维克托・格伦的工作预期了人们会对现有城市及它的持续相关性产生越来越大的兴趣。这种对混乱的城市生活的迷恋，与提倡严格地划分用地功能的现代主义倾向形成鲜明对照，导致更加强调社区而不是住宅作为基本的社会建筑块，城市空间取代了交通系统，广泛定义露天草坪的休闲娱乐功能而不只用于体育活动。

20世纪五六十年代，人们越来越倾向于把好的城市设计等同于一种空间框架，这种框架需要的是社会支持而不是正规性，这构成了过去40年城市设计努力和辩论的核心。对这一架构的探索和解决其内在矛盾的努力继续为当代建筑话语奠定了一个基本的知识语境。

在美国，有关现代建筑对现存城市的冲击的最有力主流批判是由美国城市设计教母简・雅各布斯形成的。在《美国大城市的死与生》（1961）和《城市经济学》（1969）中，她指出了传统的有机元素，如城市街区、新旧建筑的共存、小尺度的地块划分、功能区的混合、必要的拥挤以及慢节奏的效率带来的高品质城市生活。雅各布斯对不断

捷得设计公司（Jerde Partnership），洛杉矶环球影城的城市步行街，1992年

增加的、人体尺度的城市建设的颂扬仍然是现有地方价值和累积增值这一愿望最令人信服的论据。

雅各布斯把小规模的日常生活作为良好城市主义的生成要素。然而，她的理论所基于的理想——20世纪50年代的纽约市格林尼治村（Greenwich Village）——如今在一个充斥着超市、购物中心、边缘城市、甜甜圈一样的市中心还有郊区贫民区的世界里，似乎出奇的独特。这些更贴近近期的城市生活方式，在密切的审视下，也可以被视为拥有自己的精神气质，并最终有助于形成社会生活、仪式和惊喜不断聚集的城市社区。它们也同样很容易受到积极的影响而发生变化。她虽然选用了人类学分析方法，但她太急切地想将特定形式与好的城市生活关联起来，并将这些形式定义为美好的。事后看来，雅各布斯更青睐格林尼治村的惯例和形式，这孤立的循环论证模式过早地贬低了当地居民所钟爱的机会城市主义。这种误解可以部分归因于她追求的目标：她试图记录她所在街道和社区的积极价值，以阻止他们被诸如高速公路的修建而破坏。她观测的绝对化导致了一种不完整的场所营造理论，不能涵盖、观察、评估、纳入或利用整个城市谱系。

在《美国大城市的死与生》的写作过程中，一些重视雅各布斯所推崇的城市主义的美国专业人士正在探索新的方法。这些人实现了雅各布斯建立的唯一理论——一种基于城市背景而不是以现代主义作为起点的专业设计活动。在20世纪50年代的费城，埃德蒙·培根（Edmund Bacon）致力于将大规模的城市清除计划与保留和恢复现有社区的做法混合。他督造的社会山（Society Hill）和市场街（Market Street）规划例证了旨在调和城市发展中有关再开发的官方和社会力量的新兴运动。在纽约市，乔纳森·巴奈特基于现有城市模式的推断，对实际规划采取了更加渐进的方法。这种对城市形态的理解被用作大规模总体规划的基础，得到战略区划的支持，其中包括对发展的财政鼓励。巴奈特将建筑师对激励性分区、发展交易、合并公共政策、谈判和设计的敏感性纳入城市设计新兴专业实践的强大框架中。巴奈特公布的扩展活动场所与建筑有区分但又有关联；

不同于景观设计而又与之相关；比土地利用规划更为立体；与房地产开发相似，但在数量上进行严格控制。

但在本质上，培根和巴奈特为建筑师提供了新角色，即城市政策制定者。在这个角色中，建筑师几乎不承担任何实际构建内容的责任，他们现在以城市设计师的身份只在项目的初级阶段工作，且几乎与那些提出项目的政治和商业领导人平起平坐。城市设计师应试图建立一个可量化的经济、物质和规划准则框架，这些框架意味着建筑物将在这期间遵照准则构建。尽管对雅各布斯描述的城市日常生活的肌理和流动性常常表示出热爱，但是他们仍在强调城市建设的伪科学，他们对城市艺术的兴趣却不可避免地演变成对交易艺术的兴趣。毫不奇怪，培根和巴奈特的身份不再是个人设计师，而是政府官员或策划发展交易和规划协议的顾问。

对城市设计师角色定义的问题是，它所依赖的设计工具和设计行为从来都不是建筑体系内的既定手段。作为决策者的设计师，很容易成为计划的执行者，脱离对城市的日常接触。建筑实体和场所营造的动力变得不如城市周围的社会、环境、交通、经济和立法行动重要。尽管设计师必须积极面对这些城市的内在本质性领域，但过分强调自上而下的规划和政策制定会忽视承

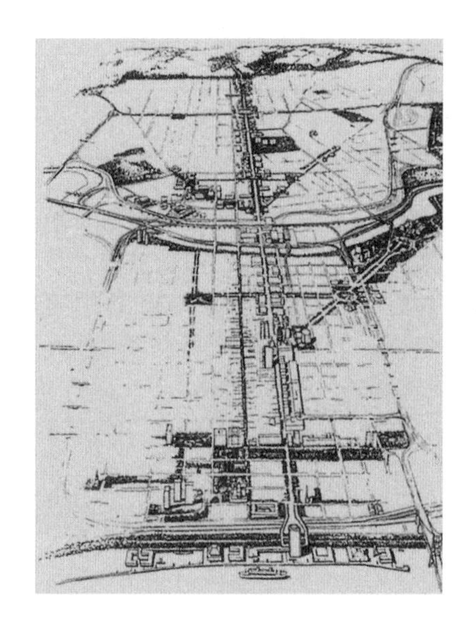

埃德蒙·培根，费城重建，1963 年

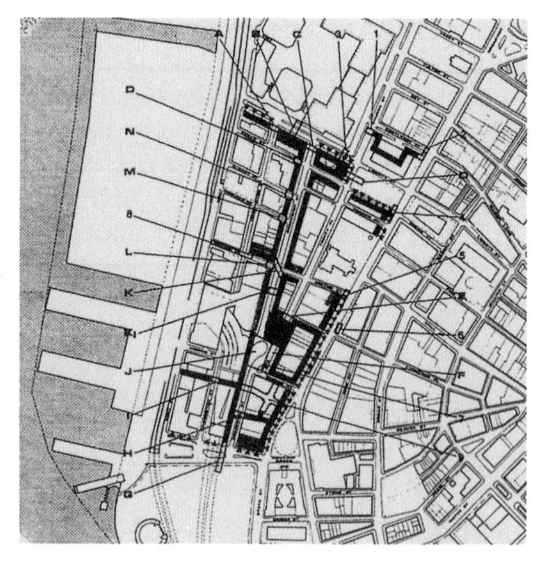

乔纳森·巴奈特，纽约格林尼治街特区，1969 年

认或容纳，并最终减少建筑原本可以带给城市日常生活的复杂的惊喜。充其量，这种办法只是偶尔通过建筑保护行为或通过对建筑环境的模糊处理来加强日常生活。最糟糕的是，这种城市设计最初的动机是对现有城市的礼赞，而最终却讽刺地转变成生产千篇一律的城市空间的同谋者，如无处不在的点缀美国城市景观的“节日”集市和仿造古城。

与巴奈特和培根提倡的将战略性公共政策作为城市设计的专业愿景相比，通过建筑类型学的手法来复制一种有机的城市主义是一次不同的尝试。克里斯多弗·亚历山大（Christopher Alexander）是这种方法中最具影响力的倡导者，其以主张小街区的渐进式建设的教导规则而知名。除了培根和巴奈特所倡导的专业协助之外，亚历山大在《城市设计新理论》（*A New Theory of Urban Design*）（1987）中描绘了一种与民主进程相关的渐进主义设计，他模糊了城市设计师与市民之间的区别，建议居民成为社区设计的一个组成部分。

亚历山大拒绝固化和包罗万象的总体设计，建议每建设一栋建筑时，人们应该一起来分析选项，并集体选择设计方向。通过邻里设计工作坊和市政府研讨会，在亚历山大设计的进程中，参与者需要就每一个新项目开发的作用、范围和规模建立一个不断发展的共识。亚历山大的方法要求每一座建筑都是针对现有的环境和社会模式而精心制造的。与此同时，每栋建筑都将明确如何适应下一阶段的增长预期。

然而，亚历山大的模式语言并不完全相信民主化的有机城市发展的现实状况，在传统建筑类型学的基础上规定了一套严格的设计参数。城市建筑的句法和语用参数实际上是城市形态预定义的一套语义。亚历山大的设计类型学实际上是如此的具体，以至于总是产生意大利风格的城市景观，正如在《城市设计新理论》中充分说明的那样。如果公众讨论表达了对亚历山大自我假设的标准以外的城市模式或建筑类

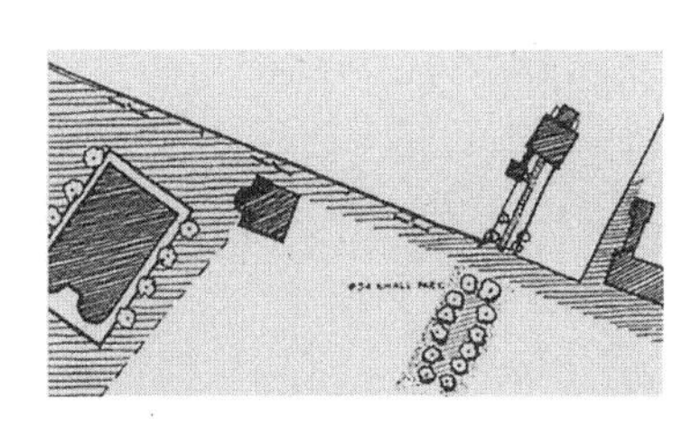

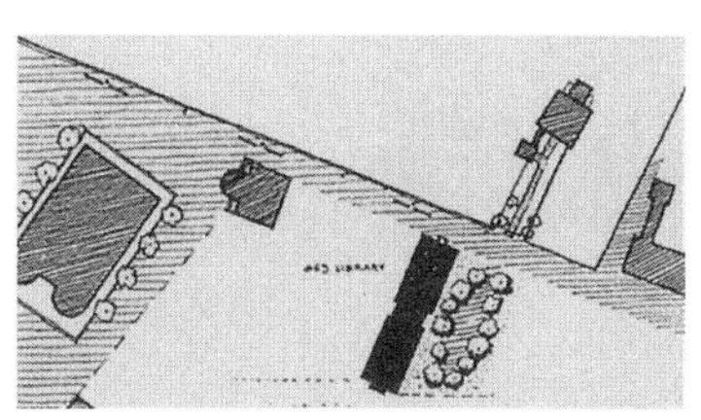

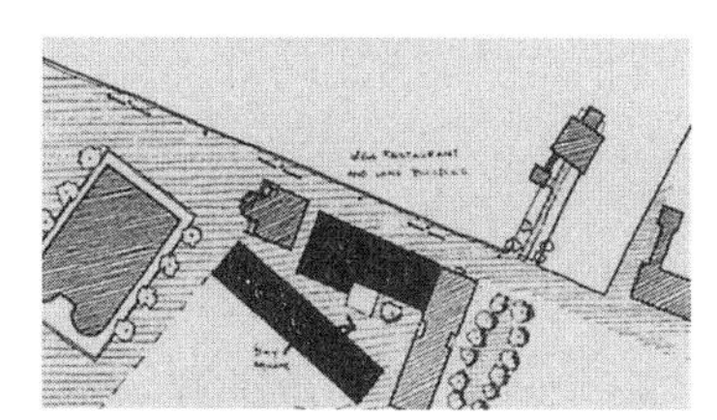

克里斯多弗·亚历山大，一栋接一栋的建筑形成的小城市空间

型的要求，例如一个购物中心，尽管这些是集体选择，但在亚历山大城市设计标准中却没有一席之地。亚历山大的方法没有偏向于与官僚式的现代主义相关联的全面的总体规划，但它仍然是另一种重申了建筑师的个人品位和控制欲的规训。

和亚历山大一样，凯文·林奇（Kevin Lynch）也试图打造一种规范化的城市设计语言。在《城市意象》（*The Image of the City*）（1960）中，他制定了一个绘制城市意向认知地图的方法。这个方法的过程包括提出问题并且观察现有场地的实际价值，类似于激发十人小组灵感的调查方法。[5]凯文·林奇使用了叠加地图和用户调查来塑造与亚历山大所描述的相同的力量，而不是诉诸任何正式的设计思想。在《城市形态》（*Good City Form*）（1981）中，林奇进一步提出了这样的观点：在不同地区、国家和文化中都可以发现显著不同的城市形态，而这些城市形态都具有其自身的适宜性。基于这一更具包容性的观点，林奇确定了城市设计的七个特点：活力、感知性、适宜性、可达性、可管理性、效率、公平性，而不是建议可能符合这些特点的实际形式。他提出了一套城市设计绩效标准，这可以指导塑造每个城市形态的公众对话，从而为一系列可能存在的理性选择和民主讨论提供框架。利用凯文·林奇的方法，设计师可以反复审视待审查项的情况，希望不会产生偏见。与亚历山大不同，林奇在寻求一种城市设计语言的过程中，只考虑了句法和用途两个维度来解

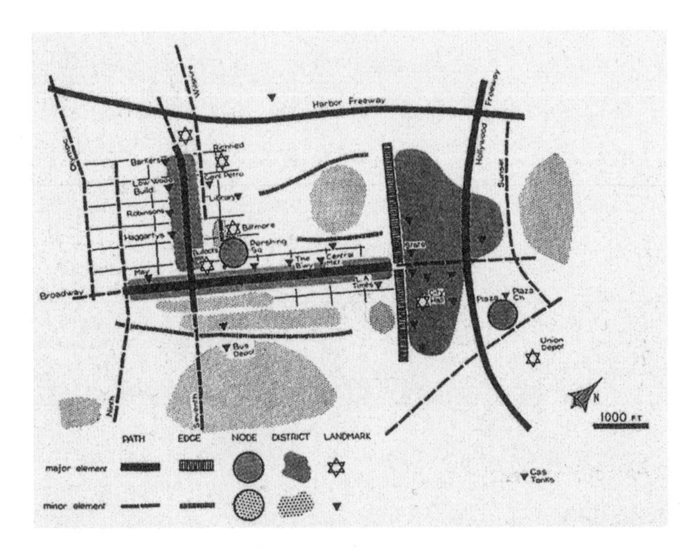

凯文·林奇，洛杉矶市中心的心理地理地图，20世纪50年代末

决城市和建筑的设计语言问题。

虽然林奇的方法因为避免了对建筑的规范，与亚历山大的方法相比减少了说教性成分，但在实际应用中，设计人员的公信力却值得怀疑，因为不管设计框架的质量或辩论的包容性如何，其缺少了形式细节的保证。作为一种建立口头共识的方法，林奇的绩效标准非常引人注目，但对实体设计的指导太少了。虽然林奇的过程引向了协议，但在没有具体设计框架的情况下，城市设计在本质上成为城市实践发展的力量日渐缩减，因为一张图对于物质空间的指导仍然胜过千言。

亚历山大和林奇都没有成功地将设计行为的复杂性与不断累积的日常生活的行为相结合，从而使得他们的理论在实践中很难真正利用。在 1990 年的自传体杂文《三技之间：城市设计教育学的个人观点》（*Between Three Stools: A Personal View of Urban Design Pedagogy*）中，丹尼斯·斯科特·布朗（Denise Scott Brown）（后称斯科特·布朗）特别提到了将社会空间的规划与象征性建筑的设计相协调所带来的挫败感。[6] 她总结说，将城市设计作为一种“形式、力量和功能”的社会结构，是一种失败。并进一步指出了这一领域中的一个有害的停滞：“城市设计师在追赶建筑和规划理论变革方面表现得特别缓慢。他们通常落后于时代，尽管他们本应该是最超前的。很少有好的理论知识、极具智慧的设计领袖来自城市设计团体，无论是学院派还是职业派。”[7] 通过这种认知差距，斯科特·布朗综合了一种方法，已经能够综合运用城市的日常力量，无论是实体的

文丘里，劳赫和斯科特·布朗（Venturi, Rauch & Scott Brown），迈阿密海滩的华盛顿大道改善建议，1979 年

还是社会的，比任何其他在第二次世界大战后到1960年之前受过训练的城市设计师或建筑师都要多。她对步行街的偏好和十人小组不同，且概念意义更直接。与亚历山大相比，斯科特·布朗在她的作品中使用了多样化的大众和建筑精英语言。与林奇不同的是，她致力于探索建筑形式的细微差别，这一点在平视视角截面和立面上得到了明显体现，这些都赋予了建筑思想以可触摸性。她的提议更多地植根于日常的城市设计，而不是与城市设计相关的总体规划。尽管如此，斯科特·布朗仍然对城市设计及其理论基础感到遗憾，尽管过去40年来建筑师和城市设计师不断试图将自己沉浸在日常生活中，但仍对城市的复杂现实和多元化进行否定。对于斯科特·布朗来说，基本的问题是：是否有明确的方法将城市生活的社会多样性和经验多样性纳入城市设计和建筑的实践中?

在20世纪六七十年代培养出来的建筑师试图用更明确的建筑实践来解决这个困惑，倡导单个建筑物和场所的营造，认为这是设计决策者的紧迫责任，而不是任何形式的规划过程。新城市主义以及建筑师雷姆·库哈斯（Rem Koolhaas）的作品和文章定义了这两个极端的设计和建筑取向的观点。

新城市主义源于建筑师和社区对历史和区域差异的重新关注以及生态可持续性问题的意识觉醒。最具说服力的新城市主义者用精心布置的单体建筑来营造乡村景观，以体现小镇价值。他们的城市设计通

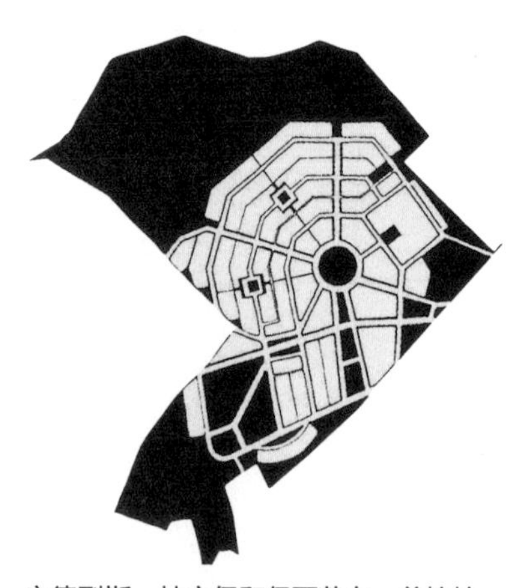

安德烈斯·杜安伊和伊丽莎白·普拉特－兹伊贝克（Elizabeth Plater-Zyberk），马里兰州一个村庄的步行和开放空间网络，1988年

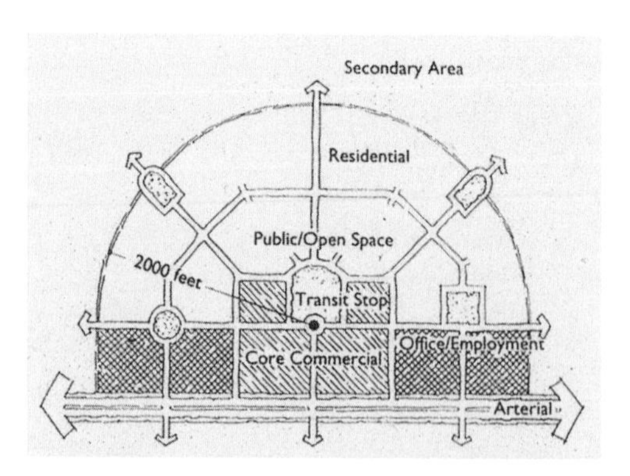

彼得·卡尔索普（Peter Calthorpe），交通导向型发展示意图

常结合了20世纪早期花园城市和19世纪主要街道的固定交通的元素。矛盾的是，即使为每个项目寻求地方和区域类型，但该运动也赞同全国统一步调的城市主义神话。这种社会价值吸引了该地的购房者，以及在日益多元化的大都市地区寻求统一形式和符号稳定性的消费者。

新城市主义者必然会与那种强调低密度住宅围绕小型市民空间和城镇中心的单一模式相关联。这种形式复制了20世纪20年代在开放土地上建造的多中心汽车郊区，而不吸取其后70年的建设后果和教训。[8]新城市主义有序而广泛的模式语言，要求大量空白的土地，最终与混乱的渐进式发展相对立，强化了边缘城市和现有城市景观反复循环的郊区。对理想的新城市主义者而言，城镇促进了传统价值观，而总体规划具有讽刺意味地将它转变回已存在的现实，虽然这限制了它的发展潜力。所谓的新传统镇牵动着人们的心弦，诉说着对社会同质性的纯真记忆和曾经遥远的黄金时代。尽管新城市主义者最近已经认识到改造后的市中心、内城和旧郊区的现实不足，并将其作为研究和行动的对象，但他们的方法仍然轻视目前的城市景观。新城市主义的乡愁情怀，及其以逐栋建筑模拟城市化，导致了对现状条件的漫不经心，并最终导致了与所有其他现代城市更新愿景一样产生了问题。

在1994年的《广普城市》(*The Generic City*)一文中，库哈斯提出创造城市的个性和特点等问题。认为新城市主义者的支柱已消亡，这些城市的可识别性宛如“捕鼠器，……吸引越来越多的小鼠过来分享原始的诱饵，仔细观察一下的话，可识别性其实早在数百年前就已经空洞无物了”[9]。虽然他与新城市主义者一样，认为建筑应作为城市触媒，但库哈斯反对任何形式的建筑传统主义，强调巨型城市和全球城市类型的动态联系。机场、酒店、购物中心、主题乐园等以及与之相伴而生的资本积累和极度活跃的文化，都吸引着和启发了他。他沉浸于这些城市形式对简单或固定含义的抵制:“这些解释凸显的无穷矛盾其实都证明广普城市的丰富性。”[10]然而，即使库哈斯拥护着广普城市，他也感到遗憾地承认这种形式破坏了公民记忆的表达，“广普城市永远存在自己的记忆缺失”[11]。

对于库哈斯来说，后期资本主义城市的功能主义最终导致了不可阻挡的冷酷和低效的建筑和城市化。作为一个19世纪的漫游者，库哈斯的乐趣更多地从人行道上的生活中获得，而不是从封闭式的方案中，他自愿将自己的设计方案纳入城市街道的社会生活部分。[12] 例如，于 1992 年完成的鹿特丹艺术厅（Kunsthal），库哈斯和 O. M. A. 设计了一条斜坡街道直接通过建筑物中部，将底下的公园与上面的街道连接起来。在斜坡中间可以直接进入一个可以作为该机构门厅的礼堂。因此，礼堂围墙内的学者讨论可以直接延伸到作为街道的斜坡，打破了高雅文化与路人文化之间的物理隔绝。社会性混合的建筑与日常都市化相辅相成，它不仅在视觉上有强烈的现代感，同时建筑使用了大量现成的材料和细部构件。尽管他创造了一个“透明”的建筑，试图与社会发生对话。当他在考虑一个通用建筑城市的时候，库哈斯仍感到空洞。“空白越发强化了寂静：画面上仍然是空空如也，一些残骸被踩在脚下。放松……一切都已经过去。这就是关于城市的故事。城市不复存在，我们可以离开剧场了。”[13] 然而，观察发现，以可识别的、有代表性的建筑组成的城市是绝对不会被遗弃的。相反，日常生活很难融入建筑师普遍使用的手法和建筑设计的概念之中。

不管是故意拒绝过去还是一味否认现状，库哈斯和新城市主义分别设想的以固定的建筑组成的城市设计，最终使得我们每一天的生活日益均质化。在这两个愿景中，城市的建筑与其说是用来居住的，不如说被消耗了：新都市主义是向神话历史叙述的倒退，而库哈斯的广普城市则是一个像购物中心一样的超现代反乌托邦城市。当新城市主义者和库哈斯在城市设计、建筑设计上做出越来越多的承诺时，多元的而非单一的城市主义已成为当代城市建设的强大力量。

在城市规划与设计中探讨建筑的

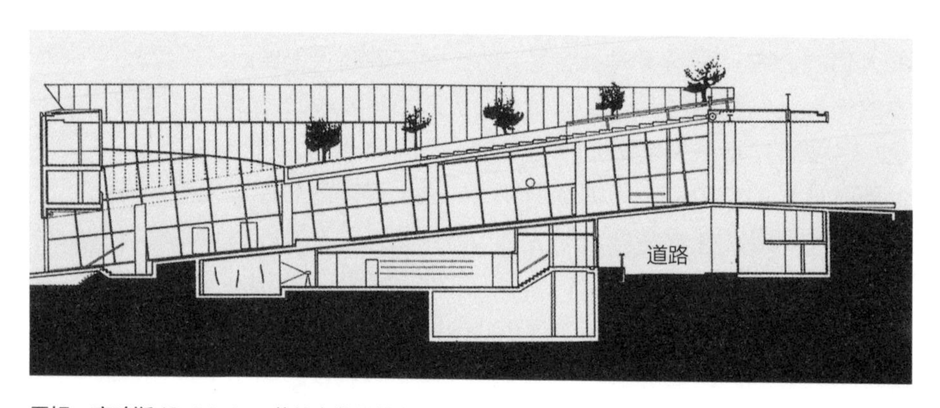

雷姆·库哈斯 /O. M. A.，荷兰鹿特丹艺术厅，1992 年

作用和重要性，使得 20 世纪的城市建设和更新进程产生了巨大震荡。但是，在有千万种不同声音的城市中，任何一个绝对化的设计理论都是注定失败的。城市的创造是建筑师和城市规划师所追求的圣杯。为了城市的可持续发展，设计师必须寻求一种新方式，糅合这些难以捉摸的特性，如瞬息万变、不和谐、多元性和同时性等。建筑师和城市规划师一味纠结于这些概念，而拒绝将他们青睐的城市过去、未来或乌托邦式的模型与现实进行拟合。因而，城市设计必须建立在理论和实践的基础上，包容城市的现实复杂性。如果不是根据这个城市的实际出发，城市设计和建筑可能最终会在城市场所的规划和创建中失去所有相关性。

城市设计作为专业实践

当代城市是由个人和社会的政治、经济和环境条件的增长、衰退、流动所塑造的多层次空间。最好的城市设计就是为当前城市的各种活动创造一个物理空间。匪夷所思的是，现在的城市设计产生了狭隘的、消长城市活力的类似物，抽象成了公路运输网或区域间资本流动的示意图。尽管它在 20 世纪失败了，但城市设计仍然是建筑师试图保持设计作为社会艺术的主要手段。

根据从业人员的意见，城市设计需要广泛的技能，包括：使设计融入城市环境，制定和颁布关于设计的政策法规，促进公众辩论，促进弱势群体和心怀不满的倡导者的公众参与，发展适当类型的建筑语言。所有这些追求都需要在城市的社会、经济、政治和审美力量之间进行谈判，但在大多数情况下，结果总是设计本质论赢得胜利，否定了构成日常城市的多种群体的声音。尽管其改革议程愿意将建筑暴露在政治过程的变迁之下，但城市设计往往被简化为只有单一用途的权力纪念碑。当城市设计被降为这个角色时，反映日常需求的综合场所的设计，就被误导成了政策至上的一种补充。

建筑师和景观设计师通常认为自己没有能力将设计与形成城市的社会、政治、经济和环境流体联系起来。特别是在美国，城市设计越来越多地与这些实践分离，并被定义为一种专长。城市设计师将自己定义为建立参数和指导原则的团队的领导者，而不是具体设计的制造者。具有讽刺意味的是，尽管有设计和规划的双重背景，但是城市设计师既不是规划师也不是建筑师。如果将城市的概念化和市政管理都等同为城市制造的技术技能，就会让决策者和政策制定者感到困惑。

当设计作为公众调查和创造力的主体消失时，城市设计会失败，建筑师在城市中的作用也会进一步减弱。如果没有致力于在当前城市可触及和令人惊讶的背景下制造建筑和景观，任何类型的城市设计都会沦为与主题无关的主观臆想。同时，在没有任何方法能将日常城市生活融入城市建设的情况下，建筑和景观会变得边缘化，除了功能或纯粹美学的目的以外，毫无作用。鉴于这种情况，城市设计实践应该将城市设计的抽象概念、建筑的形式理论与日常城市生活的多元化结合起来。

日常的戏谑

“城市”描述的不是定义特定的独特物理特征，而是广义的条件或概念。[14] 一般而言，城市设计对城市中的人进行了概念模拟，然后假定他们没有日常模式，从而沉浸在我们设想的宏大设计战略中。正如过去 40 年来，城市设计依靠隐喻、类比和规划过程，而不是现实的细节。这迫使其从业者使用抽象工具，当转化为城市政策时，这些抽象工具通常被认为比实践操作更加强大。

与具有鸟瞰性的城市设计不同，建筑是有着具体事情发生的场所。即使在网络世界中，人们也不能逃避对住房的需要。日常生活发生在被识别的、有事物存在的物理空间中。最基本的，城市是与人们日常生活相关的空间和构筑物的集合。集中又分散，离心又向心，安静又充满喧嚣，有序又混乱，城市就是一个矛盾的集合体，是建筑物所包围着的社会化空间。

当城市设计师运用系统的构架，建筑师寻求概念的秩序时，日常生活的设计又返回了政策、指导方针等简易形式。然而，该市的居民会继续按自己的意愿使用现实城市中的物品和空间。随着时间的推移，通过个人或群体的行动，每个城市的日常空间都被重组，产生了一种违反当初城市设计场景和建筑空间的新秩序。无论是否有总体计划，都在不断地被改变，日常生活会渗透入建筑和景观，表现在建筑环境中。

在由此产生的战术城市中，设计和建筑都无处不在，每一个个体和群体都是城市的设计师。[15]这些建筑行为的积累为城市建立了一个短暂的建筑秩序。街道规划中有时迅速但往往如冰川融化般缓慢地变化或转变，加上正在进行的增减建筑物的活动，形成了个人和集体创意的框架。选择了不同的上班路线，在现有的标志上再张贴标志，在角落推车贩卖，或作为志愿者参加社区会议，这些人都是城市设计师，不输给那些在摩天大楼里工作的设计师、开发商或颁布法令的城市官员。这些流动群体每天的行动和城市设计师做的总体规划一样，最后组成了这个城市。

现在的城市必须被定义为具有持续创造力的地方，它的故事没有向战略城市主义的多元合理性发展，而是建立了既可见又有待发现的传统和历史。带着挑剔和渴望的目光，城市自发性挑战了城市更新、城市规划、城市再开发、城市设计以及所有其他20世纪城市主义的逻辑——忽视了现有事物和场所本身的不完美性。这些故事和自发性，无论有多少瑕疵，都构成了日常的城市世界。

城市设计的历史表明，现在的许多城市比专业设想的理想城市更加美丽和有说服力，更值得为之奋斗。历史学家斯皮罗・科斯托夫（Spiro Kostof）提到巴黎时，认为建设林荫大道宛如剔除中世纪城市内核的手术，从19世纪50年代开始就有很多反对的声音。[16]100年后，在罗伯特・摩西（Robert Moses）谈到他对一致反对纽约市高速公路建设的公众意见进行压制时，他完全不顾及城市现状，说道：“当你在一个过度建设的大都市中经营的时候，你必须用斧头来砍出自己的道路。”[17]1966年，休斯敦的艾伦派克维村（Allen Parkway Village）的一小撮公共住房居民，在经历了15年的努力拯救他们破旧不堪但仍然位列国家史迹名录的房屋之后，仍然被联邦政府击败。尽管在步行距离内有数百英亩的私人财产被闲置，但这些房屋仍被毁。在每一个这样的案例中，以及千千万万类似的或大或小的案例中，当地居民一般不会将这些历史建筑看作城市的潜力，而是阻碍进步的障碍。实际上现代艺术、文学和电影领域的相关作品都出现了歌颂这些地方的崇高品质的案例，部分原因与混乱秩序所隐含的创造性、社会性和思想自由有关。相比之下，城市设计从来没有找到一种将这种活力充分融入实践的方式，而是有意或无意地让城市在寻求统一真理的过程中走向湮灭。

当前的城市是市民日常行为和对决策做出反应的有形记录，这种有形记录揭示了城市设计（city deisgn）的潜力，与城市设计（urban design）[①]截然相反，它排除了古典的对称性、秩序和控制的愿望。当城市设计（urban design）成为城市设计（city deisgn）时，它就转变为一种社会空间情境策略下的建筑，然而却忽视了作为城市设计（city deisgn）领域的建筑是可以共同合作的领域。在现在的城市建筑环境中，关于城市美景的定义是很丰富的，但更多的声音应被听到、被探索、被维护。如果作为情境建筑的城市设计（city deisgn）成为一种空间策略，那么城市居民、建筑师和其他专家在交谈和接触中，将会不断达成共识并进一步塑造已经存在的城市。

城市设计作为情境建筑承认每一个个人和实体都在用日常生活行为建造空间和场所。作为城市设计师（city deisgner）的建筑师有幸进入这些对话，这有助于塑造这些行为发生的空间。以这种方式设计城市，如果没有城市居民的投入，建筑师和规划师将束手无策。这些相互影响的策略转变，在连续的交流和创作设计中发挥出来。历史告诉我们，在城市设计（city deisgn）实践中，对于城市设计变化的假设和优先事项，城市设计师的价值观一直受到质疑。城市设计（city deisgn）的连续迭代框架要求建筑师在塑造一个城市时，首先要有技能，然后要有知识，最后才是服务公众。

这种工艺的方法、手段和美学几乎没有定义，这使得从理论到实践的过渡成了一个困难的过程。当代城市建筑师必须创作出具有自发性和多样性的作品。然而，这种建筑是什么感觉？看起来是什么样子的呢？根据现在的城市，是否实际上存在不同地方建筑的不断增量、演绎，以现在的经验，日常的仪式和复杂的对话是否能为建设提供足够的灵感？

① 1966年，凯文·林奇在其发表的一系列重要文章中，试图将城市设计（urban design）与更广阔的“城市设计”（city design）理念区分开来。林奇反对把城市设计（urban design）的重点放在建筑项目上，以及对有限的形态类型学的依赖。认为城市实现其主要的社会目标，容纳多样化的、不可预测的人类活动和行为，这些行为必须从许多人的混合角度来理解【引自Michael Sorkin, “The End(s) of Urban Design”, *The Urban Design Reader*. Michael Larice and Elizabeth Macdonald, 2013】。之后，多数学者将城市设计（city design）置入经济，社会和环境的角度来欣赏其附加价值。——译者注

现实

建筑师和城市设计师（urban deisgner）通常被教导如何设计静态的东西。然而，任何稳定的城市概念迟早会被城市必然存在的流动性和非稳定性打破。即使当设计者避开乌托邦式的愿景、单独的创作和规划行为，特别是避免从专家概述的视角和权威的角度来看，也很容易沦为固定理想的产物，这不能解决，也几乎没有承认日常城市的节奏、行为和矛盾。

城市场所的日常使用会引发对乌托邦幻想的反应和反击。结果，城市的日常喧嚣，不被定义为传统意义上的美景。当设计师从日常现实出发并将其定义为美景时，现存的情况就会成为起点，而不是绊脚石。现实提供了更多的灵感，而非乌托邦的稳定。

从一开始，城市设计实践就明确地融合了日常生活的声音、活动、标志和符号。日常交易的种种应该被认为是城市居民和设计师必须为之不断努力发展的实体故事，日常生活的现实必须浸透整个规划和设计过程。

重组

城市设计通过现有元素的重组和外推来寻求新的意义和发明。城市设计是一种多元的混合，它依托现存的事物开展。城市设计师重新组合了地方叙事，以加强和展现城市生活中更多的普通故事。辩论谈判是将个人和团体的故事与设计师关于对象和地点的叙述相互结合的过程。因此，城市既是设计的城市，同时又是日常生活的城市，这在现代文学和艺术中被赞扬和追求，却又被现代建筑和城市设计所否认。

对话

城市设计面向每个参与方的现实情况，努力揭示他们的共性与差异。因此，随着城市的发展，城市拥有了自己的记忆作为基础。在对话中，揭示这些差异、共同点和回忆，是设计师应该具有的宝贵而必要的技能，而不是那些所谓的专家地位或意识形态。在讨论期间，设计师应该通过尽可能多地展示现有各种声音、他们的梦想和需求期盼来参与设计。所产生的设计的超独特性是动态的，根据建议和反对意见来完成项目可以反映设计对象的共性和差异。城市设计一开始就有策略地实现理想的对象和场所，并从辩论中获得选择。

时间的侵蚀

对功能或意识形态的依赖，是当代大部分城市和城市规划所追求的。平庸的郊区、光鲜但空荡荡的商业区、正式的办公园区、废弃的场地，造成它们产生的政策是不承认日常的，也不允许它们坚持和重新找到自己。关注日常的城市设计在计划和形式方面必将掀起新的价值观，挖掘、重视、鼓励和强化日常生活在规划和形式方面的不规则性，反驳了企图用系统和单一用途的建筑来规范城市生活的趋势。

传统的城市只有在经过数代的累积和变化之后才会实现，当代城市经常缺乏这种沉淀，却越来越多地寻求保留现有的、现在发生的情况，或者在它们没有时，对其进行模拟。城市设计产生而不是模拟同时性，是通过将可触及的城市与世俗的日常生活和特殊事件纳入现有地方的空间演变。在日常情况的框架中，城市设计接受新的、旧的、即时的模拟，和精彩的场面。通过不断将这些因素纳入城市建设，城市设计迎来了实现城市活力的时代。

从城市设计到建筑设计

从城市设计（urban deisgn）到城市设计（city deisgn）的运动，有一个微妙但关键的转变需要得到城市设计师们的关注。这种演变的关键在于承认建筑在建立人类日常生活环境中的重要作用，以及通过具体建筑行为重新确定城市建设的有效性。住房、开放空间、工作场所、娱乐和教育的舒适性和质量是城市设计自然而然的组成部分，而不是政策制定者和城市设计师的前期审美或后期想法。

面向日常生活的城市设计（city deisgn）中的建筑不是要放弃对结构、形式、类型、光、材料和艺术的兴趣。反过来，这些元素提供了关于生活质量的讨论的词汇。

城市设计（city deisgn）与建筑的实践也必须伴随着与地方居民的沟通，构建交流城市意味着需要在建筑物和景观中提供空间，程序性和象征性的差异与共性能够在这里得到表达。这些地方包括新老建筑的交错、叠加，它们表达了多元的历史与记忆，如同了解其定位的拓扑和构造。

当代的城市和城市设计的实践

城市设计（city deisgn）认识到，每一个人的行为都有能力进行调整，去做到更好、更合乎道德。这些故事的实践、非正式的活力、具体情况、形式，都是以现在的城市作为起点的。20世纪的城市规划和设计在这方面很少努力，却在无意中偶然发现了一种具有包容性的城市设计（city deisgn）的日常实践。现在的城市坚持这样做。通过将城市美景定义为日常生活和辩论的情境交融，所有人都有能力为城市的设计和改善做出贡献。反过来，那些选择成为职业城市设计师（city deisgner）的人也必须致力于建筑的实践。城市设计（urban deisgn）作为一种现象、一种实践和一种职业，必须落脚于建筑，反过来，建筑师必须被日常城市所感动、塑造和启发。

现在的城市要求成为起点

注释

1 引自肯尼思·弗兰姆普敦（Kenneth Frampton），《现代建筑——一部批判的历史》（*Modern Architecture: A Critical History*，牛津大学出版社，纽约，1980），第 271 页。

2 艾莉森·史密森（Alison Smithson）编，《十人小组会议：1953-1984 年》（*Team 10 Meetings: 1953-1984*，Rizzoli 出版社，纽约，1991），第 9 页。

3 西格弗里德·吉迪恩，《空间、时间和建筑》（*Space, Time and Architecture*，哈佛大学出版社，马萨诸塞州剑桥，1941），第 355—357 页。

4 维克托·格伦，《城市环境中心：城市的生存》（*Centers for the Urban Environment: Survival of Cities*，Van Nostrand Reinhold 出版社，纽约，1973)，第 39 页。

5 艾莉森·史密森（Alison Smithson）编，《Team 10 会议：1953-1984 年》（Rizzoli 出版社，纽约，1991），第 60—65 页，第 68—69 页。史密森关于克里斯多弗·亚历山大的发言，"十人小组都是天生的建筑师，如果不怀疑那些从一项研究到另一项研究的人，他们往往会感到紧张。"

6 丹尼斯·斯科特·布朗，《城市概念》（*Urban Concepts*，Academy 出版社，纽约，1990），第 8—20 页。

7 丹尼斯·斯科特·布朗，《城市概念》（Academy 出版社，纽约，1990），第 20 页。

8 有关新都市主义著作的评论，参阅约翰·卡利斯基，"阅读新城市主义"（*Reading New Urbanism*），载于《设计书评》（*Design Book Review*），第37—38期（1996-1997年冬季刊），第69—80页。

9 雷姆·库哈斯，布鲁斯·毛（Bruce Mau），《小，中，大，特大》（*S,M,L,XL*，Monacelli 出版社，纽约，1995），第 1248 页。

10 雷姆·库哈斯，布鲁斯·毛，《小，中，大，特大》（Monacelli 出版社，纽约，1995），第 1256 页。

11 雷姆·库哈斯，布鲁斯·毛，《小，中，大，特大》（Monacelli 出版社，纽约，1995），第 1263 页。

12 关于漫游者（flaneur）的讨论，见瓦尔特·本雅明（Walter Benjamin），《查尔斯·博德莱尔：一位高度资本主义时代的抒情诗人》（*Charles Beaudelaire: A Lyric Poet in the era of High Capitalism*，Verso 出版社，伦敦，1983），第34—66页。关于漫游者，本雅明写道："街道变成了漫游者的居所，他在街道上就像在家中一样自由自在。对他来说，闪闪发光、涂上搪瓷的生意招牌至少和中产阶级沙龙里的油画一样，是墙上的装饰品。墙壁是他压笔记本的书桌；报摊是他的图书馆；咖啡馆的露台是家里的阳台，在他结束工作后可以在那里俯瞰小憩。"

13 雷姆·库哈斯，布鲁斯·毛，《小，中，大，特大》（Monacelli 出版社，纽约，1995），第 1264 页。

14 亨利·列斐伏尔，《论城市》（*Writings on Cities*），埃莱奥诺雷·科夫曼（Eleonore Kofman）和伊丽莎白·勒巴（Elizabeth Lebas）编，（Blackwell 出版社，马萨诸塞州剑桥，1996），第 103 页。

15 米歇尔·德·塞托，《日常生活的实践》（加利福尼亚大学出版社，伯克利和洛杉矶，1988），第 xvii—xx 页。

16 斯皮罗·科斯托夫,《组合城市：历史中的城市形态元素》(*The City Assembled: The Elements of Urban Form through History*，Thames and Hudson 出版社，伦敦，1992)，第 266 页。

17 罗伯特·卡罗 (Robert Caro),《权力掮客：罗伯特·摩西与纽约的沦陷》(*The Power Broker: Robert Moses and the Fall of New York*，Vintage Books 出版社，纽约，1975)，第 849 页。

约翰·雷顿·蔡斯

巨大的旋转（眨眼）鸡头和小狗饮水器

——利用公用设施在私人土地上创造小型独特的公共空间

西好莱坞绝非一个普通的地方，不仅有著名的日落大道，还是同性恋者心中的麦加。对于这个夹在比弗利山庄和好莱坞之间、只有3.6万人口的两平方英里地区而言，城市设计的重要目标依然包括回应和满足日常生活需要。西好莱坞地理位置重要、交通繁忙（车多人也多），新的开发项目通常包括便民设施，以提高行人的日常生活质量，以及能吸引过往车辆的夸张生动、引人注目的装饰。

与南加利福尼亚州其他地区截然不同的是，西好莱坞的主要城市设计目标之一是让人们能轻松愉悦地走上街头。西好莱坞的城市设计政策旨在促进行人与人之间的交往，而非驾驶关系。在一个商业区主导的城市环境中，沿着交通繁忙的主干线逐步开发的过程中，让汽车消失既不可能也不可取；汽车是南加利福尼亚州城市景观的重要组成部分。然而，增加人行道活动，与汽车活动相比肩，却是可行的。日常生活的方方面面都可以融入公共人行道上——从公共汽车站台广告到停车场的景观设计——这些开发细节使街道更宜居，局部的完善补充了原先以汽车为主导、更为宏大的城市设计元素。

人行道便民设施只有当有人经常通行时才有意义。与南加利福尼亚州其他地区相比，西好莱坞至少有三大不同群体可步行体验他们的社区，包括俄罗斯移民（约占人口的13%）、同性恋居民（约占人口的30%），以及那些光临日落大道摇滚俱乐部、圣莫尼卡大道上（Santa Monica Boulevard）的同性恋场所和当地酒店、餐厅和酒吧的顾客。

改善行人的出行质量，就必须以日常使用为基础来完善街道的设施与功能。开车的人在人行道上飞驰而过，汽车快速行驶时无法与街景产生实际互动；但行人可随时与周围互动，步行途中可随时融入其他活动。设备完善的公共人行道就如同良好的室内公共空间一样，都很人性化。公交车候车亭、饮水器、邮筒、公用电话、报刊自动售货机、遛狗设施等常见的街道设施，给行人提供了更丰富的人行道活动，加强了行人与街景之间的联系。

西好莱坞极具商业价值的原因在于住宅与商业的生动结合。该区毗邻比弗利山庄，设计展厅、酒店、夜总会、酒吧和餐馆密集，成为城市中心。这些有利条件使政府可以通过让开发商在西好莱坞设计项目来换取公共环境的改善，城市设计政策侧重加强开发项目与周边环境的关系。西好莱坞的建筑前门必须面向街道，而不仅是留着后门通向停车场，外立面必须有窗户，以便行人了解室内的活动。

应政府规划，开发商近日开始在公共人行道旁建设小型广场，以造福行人。向公众开放的微型公园，有效地拓展了人行道的公共空间。广场通常是从停车场周围的法定景观缓冲区（法定周长至少要有5英尺宽）中开辟出来的。某些情况下，这些广场也会为方便往来车辆而加入大胆的大型设计元素，驾驶者以每小时20或30英里的速度驶过时也能清晰地欣赏到。这些元素无不展示了一个以娱乐和设计为特色的社区，满足了当地居民和游客对此地魅力、激情和创造力的期待。将壮观的景象融入标识或建筑元素，为建设项目与驾车者的关系注入活力。新的开发项目离不开对汽车的关照，停车场及其缓冲带为在私有土地上开辟行人的公共区域提供了契机。

咕咕噜餐厅

西好莱坞地区人们的身材是其他地方比不了的。无论是因为渴望爱情还是产业需求，西好莱坞的男同性恋者、单身女性、男女演员都保持着健康匀称的身材。低脂饮食和高强度训练已是标准的法则。许多西好莱坞人会在两所大型健身房中选择其一［两所都位于拉西内加（La Cienega）以东的圣莫尼卡大道上］。咕咕噜（KOO KOO ROO）餐厅就位于街对面，西诺尔（West Knoll）和圣莫尼卡的拐角处，人们健身后会在这里用餐。这是一家面向注重健康人士的连锁餐厅，特色菜是去皮鸡肉和各种生熟蔬菜。

餐厅的停车区域中有足够空间在人行道旁开发出一小块人行区域，顺理成章地将电话亭、饮水器、自行车架和座椅设置在一排树荫下。附近大多数健身人士每星期都要步行去锻炼几次，这里已成为林荫道上一道引人注目的风景线。

咕咕噜餐厅开到西好莱坞时面临着一个大问题：怎样调和连锁店的企业形象一致性（如咕咕噜鸡头

标志）与圣莫尼卡大道抵制单一形象专营店的政策。那些在美学上模仿全国各地同类餐厅的快餐店，削弱了这个小镇兼容兼蓄、与众不同的城市特征。

咕咕噜餐厅首先提议建一个带有其标准平面鸡头标志的封闭式角楼。对咕咕噜来说，这个标志代表其可信赖的质量标准。市政府要求该公司设计一个更新颖的标志，以反映西好莱坞的创新设计氛围，于是餐厅将标志改成了一个立体、旋转、眨眼鸡头，看起来就像是一个巨大的玩具。这样一来，一个普通的企业标识成了这个地区独一无二、令人难忘的特色。辨识度高的眨眼鸡头标识展现了更强大的符号力量，和米其林轮胎先生（Michelin Man）或RCA维克多狗（RCA Victor dog）一样让人印象深刻。由于该标识只见于西好莱坞，所以眨眼鸡头就如同非正式地标，和日落大道的巨型万宝路人像和已拆除的旋转撒哈拉歌舞女郎一样，成为南加利福尼亚州的宣传亮点。立体的标志能够吸引过往的驾车者，而咕咕噜广场则成为行人活动和日常生活的一部分。

吉尔森超市

吉尔森超市（Gelson's market）是一家社区超市，位于国王路（Kings Road）和圣莫尼卡大道拐角处，服务于西好莱坞高密度住宅区。与其他社区相比，这里的住宅楼和老年居民数量最多，人们的素质都很高。在国王路的橡树和樟树树荫下，居民们经常带着爱犬在此散步。

在吉尔森停车场的一角，人行道旁开辟出了一小块公共区域。这个小广场位于因停车场布局倾斜而造成的空白地带。然而，设计师并未扩大仅供观赏的停车场绿化带，而是选择增加并延伸了人行道的公共空间。两张座椅的两侧配有饮水器，上面分别配备了成人、儿童与犬类专用的饮水龙头。小广场坐落于安静庄重的国王路和车水马龙的圣莫尼卡大道交汇的十字路口，是附近行人的好去处。广场上方设有景观棚，与吉尔森超市主入口的顶棚相连。绿化设计增添了空间围合感和迎宾感。广场面积大小适宜，相当于在前廊摆上一张沙发，欣赏路边的风景。给小狗使用的饮水器与众不同，使日常遛狗活动变得有

趣起来，使这里成为一个社交聚集之处。

警察广场

我认为可以在圣莫尼卡大道和圣维森特大道（San Vicente Boulevard）的拐角处，再建一个这样小型而宜人的公共区域。这个十字路口已是世界上著名的同性恋十字路口之一：当“爱滋骑行”（AIDS Ride）之旅从旧金山返回西好莱坞时，人们常常聚集于此；当又一个因性取向而限制权利的法案出台时，人们也会在此聚众抗议。圣莫尼卡大道的这段路是洛杉矶为数不多的夜间人流密集地之一，行人必须放慢脚步，减少摩擦碰撞。

在这个十字路口的东南角，坐落着洛杉矶县警察局的西好莱坞分局。比起洛杉矶市警察局，西好莱坞警察局向来对同性恋者更宽容。警局两边临街道的立面都未设窗户，很多路人都不知道这里是警局，为了引起人们对该建筑及其意义的关

注，市政府在柱子上竖起了一个3英尺×3英尺、警长徽章形状的霓虹灯牌（仿照环球影城城市步行街中的某个图标设计而成），立于车站砖墙在拐角处退进留下的一小块三角景观区。该星形标牌极为引人注目，使角落样貌焕然一新，霓虹灯象征着公共安全感，提醒行人警察的保护近在咫尺。

这个标牌的设立意味着还有许多公共空间尚待开发。例如可以在标牌周围铺设一小块路面，容纳一些便利设施来造福群众，如警民沟通的公告牌、饮水器、座椅和电话亭。行人往返于商店、酒吧和餐馆的途中，可以在此停歇，环顾思忖前进的路线。如果能提供一块可停歇的地方，就会让人们意识到自己正处于公共空间。铺设这种转角的行人绿地很有必要，因为两条相交的林荫道距离很宽，红绿灯之间间隔又长，过马路令人心生沮丧。

公告牌花园

公告牌花园（Billboard gardens）是目前正在开发的一个项目，日常与华丽的元素都将融入其中，拟建地点位于日落大道（Sunset Boulevard）与一条住宅街道间的狭窄坡地上。按照目前的构思，公告牌花园将场地分为三个区域：最南端沿街的是公寓住宅，毗邻公寓的是住户的私人花园，私人花园的上方是公共花园，这片景观将根据某一鲜明主题或中心概念来设计，例如波斯花园、芳香花园或空中花园。

花园北面将建一座面向日落大道的商业广场，入口两侧的公告牌组成一道凯旋门式的拱门；从门内往外看，城市美景恰好框入其中。广场从人行道外侧向外延伸，将设报刊亭、小餐馆、咖啡店和冰淇淋摊等占地较少的生活配套设施。不消费的人也可以参观广场露台，这样才是一个真正的共享空间。市民可以到这里欣赏风景（这里是整个地带唯一可以欣赏风景的公共空

间)、打牌、下棋、看报,或者观看室外大屏播放的城市有线电视频道。公告牌花园既是休憩之地,又便利行人,同时对于开车经过的人,也是一道亮丽的公共风景线。

街道上开辟小空间的十大理由

1. 放慢城市节奏: 在商业地带,人们往往乘车前往各自的目的地;然而如果重新打造角落空间,向大众开放,行人就有了驻足停留的场所。

2. 免费开放: 这些空间向所有人免费开放,无论是否在商店或餐馆消费。这些小空间设在私有土地上,却的确是公共空间。

3. 空间灵活度高: 这些空间随商机的产生而产生,可随时改变以适应不断变化的环境,虽为适应特定商业发展而开发,但可改造或替换,以适应新企业、新需求。从这点来看,小空间为企业提供了特定的情景环境,以满足消费者对新奇和创新的渴望。

4. 跟其他类型的开发项目相比,成本较低: 土地成本通常是公共设施建设的最大开支之一,而根据相关法律,这些设施必须建在为停车场景观预留的场地上,因此无需考虑土地成本。诸如小型的铺装露台、长椅和特殊照明等设施都是较小的资产改良(capital improvements)。此外,由于这些区域本身面积较小——有时只有一个标准的停车位大小——每平方英尺的成本并不高。

5. 人人受惠(包括私人利益): 小小的行人公共空间,改善了城市生活,鼓励人们探索和享受邻里环境,提高了街道的整体感知价值。私人领域也间接从这一价值增长中受益,从增加的客流量中获得切实的回报。

6. 社区居民将增加对商业开发的宽容度: 在洛杉矶人口稠密的地区,如西好莱坞,商业和住宅业态并存,新的开发项目几乎都背靠住宅区。无论是否在合法的分区范围内,新开发的项目往往不受居民待见,人们担心噪声、交通拥堵、停车位稀缺等问题将接踵而来。居民的抗议可能会延迟、修改或暂停某些拟议的开发项目。打造这些小空间可能无法解决生活质量上的主要问题,但可以为居住在高密度开发区内的居民带来一些益处。

7. 更人性化的街道：交通繁忙的大道往往变成无人区，但居民对这样冷漠随意的环境既不依恋，也不负责。反之，在人行道旁建设与私营企业合作的公共设施，增加了人们对街道的利用率，拓展了行人的领土范围。

8. 促使私营部门参与公益事业：促使私营企业及其建筑师为大众考虑和服务的方法不多，这就是其中之一，且相对容易实现。

9. 平等兼容不同审美：行人的角落空间充分利用土地资源，而不是在建筑风格上大做文章。像西好莱坞这样的社区，其存在的基础在于个人、企业和组织自由积极的表达。这就解释了为何西好莱坞从未被洛杉矶吞并，也解释了为何它多年以来不愿意与洛杉矶合并为一个城市。[①]就像一件文学作品里总有形形色色的人物角色，西好莱坞这样的地方也并存着各种同质性与异质性的建筑。行人便利设施建设项目不会给赞助商强加某种特定风格或审美；不管路人对这些建筑风格持何种态度，他们都能从人际交往与便利设施的增添中受益。

10. 鼓励多样化的社会交往方式，促进旅游业发展：西好莱坞的行人生活蕴含着两种截然不同的文化——同性恋者和俄罗斯移民社区。他们非常清楚如何创造活力四射的街头生活，无论条件如何艰难。这里还在逐渐发展出第三类行人——游客，西好莱坞越来越多的俱乐部、餐馆和酒店正在创造一个日渐活跃的行人环境。

① 1984年，西好莱坞已归洛杉矶县管辖。——译者注

菲比·沃尔·威尔逊

社区生活中的一天

乌瞰林达维斯塔现有学校
图书馆和住宅区

加利福尼亚州帕萨迪纳市（Pasadena）林达维斯塔（Linda Vista）

蒸汽从咖啡摊的浓缩咖啡机口中“嘶嘶”冒出，弥漫到清晨冷冽的空气中。一位母亲匆匆忙忙地把孩子送去上学后，穿过广场来到图书馆，把书塞进还书口。她买了一份报纸，又从咖啡少年那里点了一杯卡布奇诺咖啡，还调侃了他的发型。小伙子为完成高中勤工俭学计划，每天在此工作一个小时。

她在广场露台上坐下来，和一小群家长激烈地讨论昨晚邻里协会的会议。聊了一会儿，就和另外两人拼车去上班了，剩下的两人走回自己家办公。白天，他们还会找个理由再次来到社区活动中心，一个人每天下午 3 点从停在广场旁边的移动便利车上买牛奶和猫粮，另一个则会花半个小时听一个二年级学生大声朗读。

之后，一位半退休、兼职顾问的高管走进图书馆，在一个电脑机位前花了两小时上网查资料，还帮助了一个不太会用传真的大学生提交作业，然后到外面喝茶。想起那个大学生的母亲曾教过自己读高中的儿子打字，他自嘲地笑了笑。那时候，他自己都不会打字，认为儿子学习打字是在浪费时间，可现在时代变了。他离开阅读室回家时，市政工作者已经在为当晚的演出装设灯光，放置橙色锥形路障，提示司机绕开街道广场。不久，一群父母和保姆带着孩子来到公共儿童游乐场，他们一边吃午餐，一边聊天，同时还轮流照看着孩子，确保他们的安全。

下午，三个十几岁的男孩跳下滑板，去咖啡摊上买来汽水，然后四处闲逛，旁观表演的准备工作。他们饶有兴趣地看着两个女孩走出图书馆，女孩穿过球场，背对男孩坐着，脚搭在喷泉边。一群孩子从教学楼跑到操场上，准备参加课后活动。一小群孩子在老师的带领下来到喷泉旁，几位家长已经在那儿边喝咖啡边聊天，等着接孩子放学。

这一切都发生在小学和图书馆之间的半条街上，周围都是独栋住宅。铁丝网围栏曾经是校园的主要特征，但现已几乎全部拆除，或隐藏在绿植中。喷泉、座椅和节水植物等代替了变形的沥青。这些都是社区和家庭教师协会（PTA）合作项目的成果，这个颇具吸引力的新景点和其他便民设施一起，逐渐成为邻里交流的中心。

俄亥俄州克利夫兰市（Cleveland）洛斯鲁伯斯（Los Robles）

一个寡妇走出一座建在古老马房上的公寓，打开了主楼大厅的门。一小群人已等在门廊上，她叫着名字向大家问好。这座房子是一座历史悠久的大型建筑。厨房、后门廊和仆人宿舍已经改成自助洗衣店，房子里飘荡着干净衣物的怡人芬芳。

客厅有一个小咖啡吧，直通门廊。寡妇收拾好了昨晚开会后的杂物，准备招呼客人。随后，楼上远程网络中心的老板进来了。人们抱怨这里烟雾缭绕，老板说学校有兴趣把这里租下来作为电脑学习室，他是授课老师。

这个餐厅现在名叫“市政厅附楼”（City Hall Annex），正好也是它所处的位置，有一台自动柜员机、一个自助邮局，以及两台计算机终端设备，可以用三种语言访问图书馆系统，或在线查阅本市所有活动与服务。

门外，流动车摊已在街道广场和街角的巴士站之间停了一个小时。隔壁，几个退休老人在自家菜地里慵懒地闲逛、交换工具、友好地打着趣，等着来参加园艺班的小学生。脏衣服塞进洗衣店的洗衣机后，两位母亲坐在铺满茉莉花的凉棚下，看着孩子在跟前的小型游乐场玩耍。她们每周来这里两三次，总能碰到一两个熟人，必要时向邻居伸出援手或得到帮助。

社区警察停下脚步，和一位妇女聊起她十几岁的儿子。自从有了社区活动中心，小区犯罪率降低了。人们开车穿过街道广场时放慢了车速，邻里之间互相熟悉，聊天频率也高了。明天，广场上白天有集市，晚上还有家庭舞蹈活动。

上述场景发生在两个住宅区前一段抬起的街道上，周围都是小型独栋住宅、低密度公寓和联排住宅，成荫的绿树突显了中间的广场空间。

概念的诞生：“社区活动中心”计划

20世纪七八十年代，我和朋友们都追求有活力的城市生活，自然对郊区的冷清乏味心存警惕——50年代，我们曾经在那里度过了纯真的童年。年轻时，我在旧金山做建筑师，常常步行上班，北滩（North Beach）办公室附近沿街至少有五家咖啡店，店里肯定能碰到朋友，或至少是点头之交。我需要别人的意见时，随时可以叫几个同事来看看我的工作；作为回报，我会请他们吃午餐或晚上喝一杯。如今，我们结婚生子，再次回归郊区，寻找一个自己的空间，一个有花园的空间，一个能给全家带来安全感的空间。

尽管如此，我们依然错过了许多自然而然与他人接触的机会，尤其是逐渐壮大的居家办公一族更是如此。我们需要关注与关心我们的社区，有时也需要一杯浓缩咖啡，而不是在自家厨房里寂寞独啜。人们需要一个能将彼此再次联系起来的地方，这就是雷·奥登伯格（Ray Oldenburg）在《绝佳的地方》（*The Great Good Place*）（1989）中所说的“第三场所”，一个既不是办公室也不是家，而是人们消遣度日的聚会空间。

为了融入社区与城市，我想开发一套为家庭服务的空间系统，来缓解邻里间的疏离。做法很简单：在住宅区的中间地带集中修建图书馆、学校等公共服务设施与面向社区的商业设施，可以是咖啡车、洗衣店或是电脑设施，以及开放空间。

我们把这种集群称为“社区活动中心”，使之成为现有居民区的核心区域。社区共同决策，细化城市设计，改善土地利用，强化现有的邻里关系，打造出可供各年龄段人聚会和交流的空间，满足人们的日常需求。

社区活动中心实施办法

1992 年，帕萨迪纳市对土地利用与交通设施的总体规划进行了全面修订，我担任规划委员会主席，听取了大约三千名居民就理想生活、工作和出行的建议，起草了一个条例，允许住宅区设立社区活动中心——它与平常的郊区规划区别很小，但却是全新的观念。

条例 1.7 规定：

社区活动中心：为了向附近居民提供一处社区中心，（城市）鼓励在住宅小区及其附近集中开设面向社区的服务和设施，包括学校、图书馆分馆、开放空间和公园（内设小型游乐场），并限制社区内的商业用地。

接下来的两年里，为了更好地把想法付诸实践，我和同事佩吉・诺里斯（Paige Norris）补充发展了这一概念。我们从一开始就意识到，如果这个项目由外部开发商主导，就无法获得公众支持，因为住户不会接受商家进入住宅区。

我们也不能将社区活动中心当作某种城市赞助计划。之前推行的“社区重建项目”依然具有持久的破坏性，使有些人误以为城市规划师与开发商并无两样；但如若社区有权决定学校或图书馆附近商铺的去留、类型和进驻方式，我相信结果一定会大不相同。

我们提出了一种自下而上、反向开发的模式，社区可以据此创建社区活动中心。整个过程以社区为出发点，而非由开发商提出项目创意、寻找土地、（有时不顾社区反

开发商驱动发展与以社区为基础的发展对比

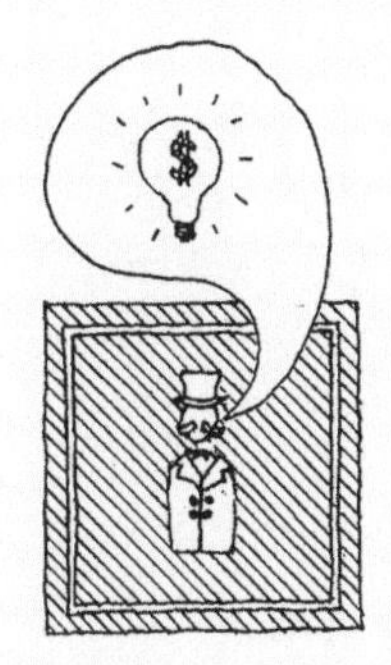

开发商

制定开发方案

购买 / 租赁土地

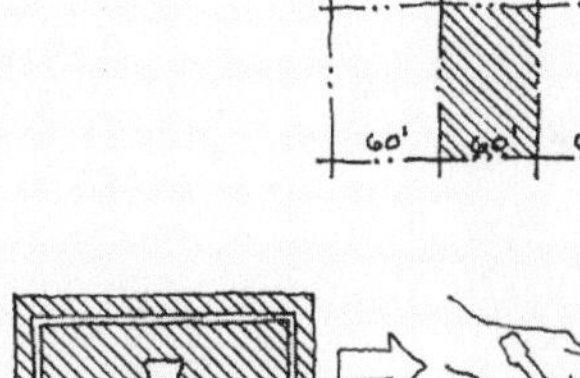

主导设计

寻求审批

寻求融资

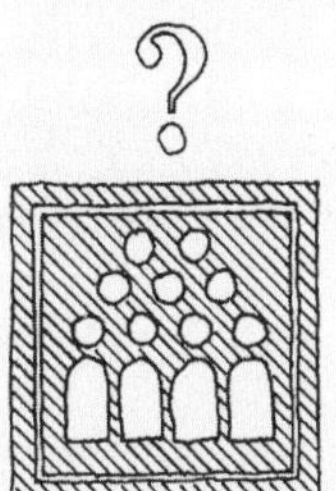

出售 / 运营项目

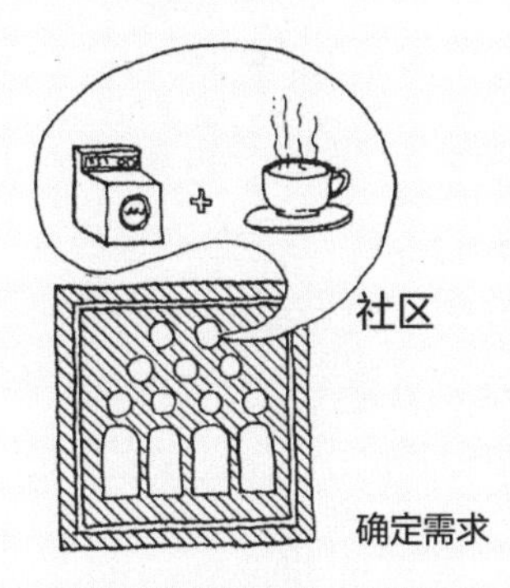

社区

确定需求

确定地点

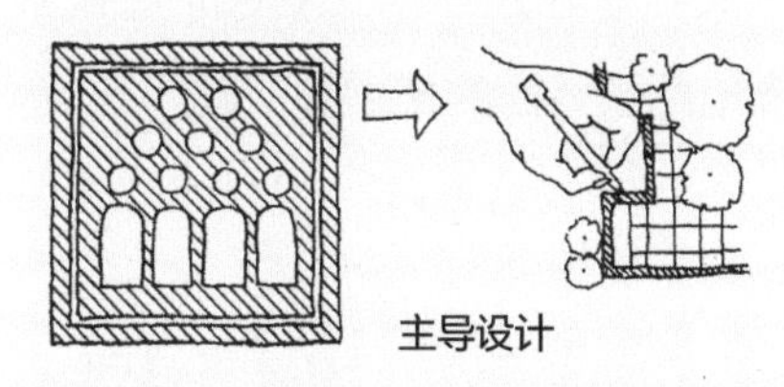

主导设计

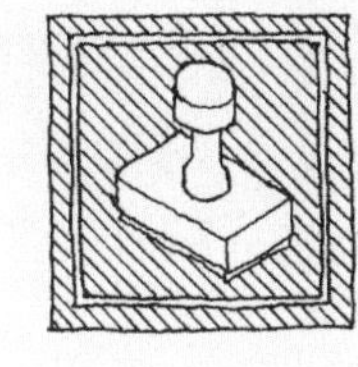

便民设施审批

小型商业招商

享受项目

对）获得土地使用批准、获得融资，最后开放使用。这一过程不是夷平现有建筑重建，也不是从一处空地开始，而是完善某些民用建筑（学校、图书馆和邮局），为社区交流提供固定地点和建筑主体。

社区首先需要确定是否需要以及需要什么样的服务或设施，然后在城市和地方机构的合作下制定出土地使用协议和经营条件，并邀请需要的商户入驻。受邀企业或新成立的合作社将会惊喜地发现，愿意光临的顾客和居民的许可唾手可得，这是一般的社区开发项目应该做到却很少能做到的一点。

我和佩吉意识到，推广社区活动中心的概念不能仅靠展示艺术家的概念或设计术语，直观的实景照片至关重要。人们在接受改变之前，通常希望先了解事物的样貌以及带来的感受。

如果要在社区新开一家“便利店”，人们一想到挂着幻彩荧光漆广告牌的7-11商店、满是口香糖和油渍的停车场，很可能会畏缩反感。但是，如果给他们看这样一张照片：保存完好的老房子里有一处家庭经营式市场，老板知道每一位顾客的名字。看到这里，上了年纪的人可能还会笑着回忆起年轻时常见的商店，然后说：“太好了，我们可以在这儿建一个。”

从现实和概念两方面来说，我们认为社区活动中心的建设有三个关键要素：居民参与、开放空间（无论多小）以及商业设施。居民日常出入的图书馆、小学或邮局等可以牢牢树立社区活动中心在公共领域的地位，而一个小型购物中心永远不可能成为社区活动中心，因为在那里，人们永远只是过客。

开放空间和公众参与同样重要，因为社区活动中心具有公共性，人们自发地聚集在这里。大多数开放空间是孩子们的领地，例如学校操场、口袋公园、社区花园和空地。他们在户外制造噪声、捣乱和玩乐，而这一切在室内则会遭到限制。公共的开放空间中，人们与自然亲密接触，如土地、空气和万物的生长，这是人造建筑无法做到的。

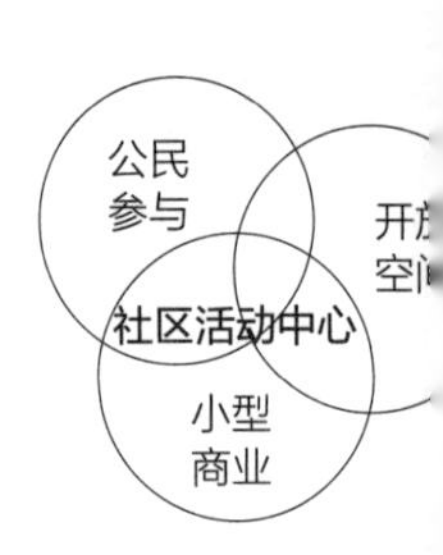

第三个要素是商业设施，如鲜榨果汁摊、洗衣店或农贸市场等，也极大地影响着居民们的生活水平。日复一日花钱购买商品和服务的行为体现了一种尊严：“我会定期来这

玛丽商店，谢拉·马德雷（Sierra Madre）

7-11 便利店，帕萨迪纳

斯特拉特福德快餐店，德尔玛（Del Mar）

麦当劳快餐店，帕萨迪纳

组成部分	用途	主要使用者年龄层							
		婴儿&学步幼儿	学龄前儿童	小学生	青少年	年轻人	中年人	老年人	
开放空间	公园								★
	广场								
	表演场地 / 舞台								
	社区花园								
	小型儿童游乐场								
	游泳池								
	运动场地 / 球场								
	墓地								
民用	图书馆								★
	社区中心								
	邮局								
	学前班 / 幼儿托管								
	小学								
	中学								
	学院 / 大学								
	消防站								
商用	咖啡厅								★
	市场 / 杂货店								★
	自助洗衣店								
	网吧 / 打印店								
	报摊 / 书店								
	农民市场								
出行	步行								★
	折叠式婴儿车								
	轮椅								
	自行车								
	单排轮滑 / 旱冰鞋								
	滑板								
	摩托车 / 小型摩托车								
	汽车								
	小型公共汽车								★
	公交车								★
	地铁								★

用途与使用者年龄层

儿，买所需之物，因为这里的价格公正合理。”这是自由市场的缩小简化版本。

理想的社区活动中心应是一个迷你的城市广场。身处其中，你会感觉到自己是一切的中心，无论参加庆祝活动还是在灾难发生时寻求帮助和慰藉，社区活动中心都是你会去的地方。无论是在公园旁的咖啡馆和图书馆、篮球场附近的警卫站和远程网络中心，还是小学操场上临时办的农贸市场，三个要素有机结合，目的就是为了在活力与稳定之间取得平衡。一个好的社区活动中心使人们的生活更丰富、安全、方便、愉悦，并加强了邻里之间的联系。

付诸实践

女儿出生后，我一直在寻找一个适合周末散步的地方，说不定还能在散步途中偶遇其他已为父母的邻居，但最终一无所获。我开始关注附近一所小学围栏里闲置的操场，不断在脑海中将它们改造成小型游乐园或微型公园。因此，当我和佩吉想找一个真实的场地来展示社区活动中心时，自然就想到了采用这所学校和邻近的图书分馆作为案例研究地点。

作为城市设计师，我们在路边展示设计思路，并在“邻里美国”（Neighborhoods USA）的全国会议和其他规划会议上提出这个概念，但没有任何一个团体或城市主动要

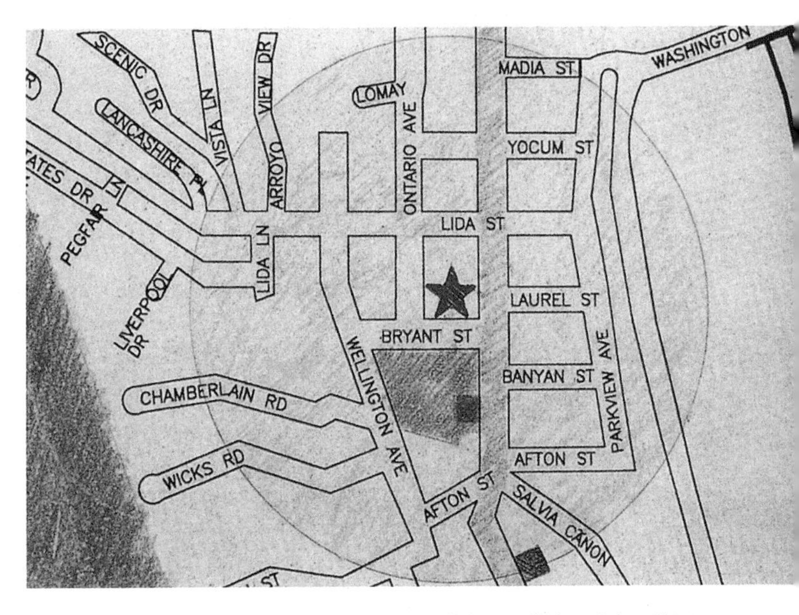

社区活动中心萌芽：学校、图书馆、居民区；黄色圆圈代表四分之一英里半径区域

求在他们的社区里开设一个这样的社区活动中心。我们很想建一个。

我们对林达维斯塔社区活动中心的最初设计，是在图书馆和学校之间建一个街道广场：抬高街道路面至人行道水平高度，社区活动时可将路段暂时封锁，其他时段车辆可缓慢通行。我们还建议拆除一些无用的沥青路面，改造成我向往已久的小型游乐场以及供父母等待休息的景观区。我们建议将图书馆旁废弃的露台改成咖啡馆和聚会场所，甚至还有一块土地可以开垦成社区花园。

不过，向林达维斯塔的住户们展示这些想法、改造前后的照片和图纸后，我们心中不免惶恐，因为这是由我们而不是社区制定的预想方案，不仅极有可能遭到拒绝，而且与我们一直宣传的发展模式背道而驰。在我们预想的模式中，必须由社区居民主动提议建设社区活动中心，并罗列组建设施的特殊需求。面对建立社区活动中心的提议，有人议论不休，有人兴奋不已，有人不断质疑，甚至有人直接坦言："我们的社区，不可能！"

后来，当地的居民协会成立了一个社区活动中心小组委员会，主席由热情的新手妈妈蕾妮·马里诺（Reneé Marino）担任，她暂时离开了她在战略规划方面的工作。但

林达维斯塔小学

委员会最终没有产出任何切实成果，随后我对该地区的一切不再抱有希望，转而关注其他街区。

1996 年夏初，我的晨报中掉出一张传单，上头写着帕萨迪纳公共图书馆（Pasadena Public Library）林达维斯塔分馆的咖啡馆将在周六上午开业。这家由社区志愿者运营的咖啡馆由社区活动中心小组委员会与邻里协会委员会合作开设，并获得了市政府的临时许可。从夏天到秋天的每个周六，附近的居民们聚集在这里，为照看宠物而互换电话，或是热烈讨论旁边玫瑰碗（Rose Bowl）体育场近期的赛事，孩子们则在操场上开心玩耍，或是和父母一起泡在咖啡馆里，他们都十分享受这清闲时光。

第二年夏天，咖啡馆吸引了一个私人经营者来此运营意式咖啡，并得到了图书馆的全力支持，计划对庭院重新改造和美化。邻里协会开始讨论在图书馆上加建，并将咖啡馆永久纳入加建范围的可能性。校长、家长教师协会和邻里协会也在讨论，是否可以在放学后和周末常年向邻里开放场地。甚至有人说，工作日上午可以在学校经营咖啡馆。社区活动中心正焕发出生命力，一切本该如此。

社区活动中心构想

林达维斯塔图书馆

学校场地

图书馆露天咖啡厅，街边庭院，聚会场所

学校，社区花园

学校运动场一角

小型儿童游乐场

诺尔曼·米勒

街头生存：

洛杉矶街头摊贩的困境

本文讲述了建筑师们帮助洛杉矶街头摊贩改善日常生活的故事。这是一个复杂的社会政治故事，在好几年的时间里缓缓展开，最终达成了开放结局。相较于20世纪60年代倡导的“政治正确”建筑项目，新思路降低了建筑师的重要性，使他们扮演着平凡而非核心的角色。这反而促使建筑方式变得更加灵活、更加本地化，建筑师能够通过不断改变项目的合作形式来改善城市生活，帮助经济状况不佳的群体。这一技术让大众的声音超越了建筑形式，挑战着传统的建筑工作模式。故事的最后，人们意识到：建筑的成败往往是未知的，即使大获成功也往往不为人关注；在这种社会背景之下，不确定的工作蕴含着极大的困难与不确定。

麦克阿瑟公园

麦克阿瑟公园（MacArthur Park）曾是洛杉矶的上流社区，现在是全美人口最密集的地区之一。该地区位于市中心以西，因此也被称为西湖（Westlake）。20世纪初，麦克阿瑟公园内豪华酒店林立，是中西部和东海岸度假者最喜爱的度假胜地。到了20世纪中期，西湖成为波西米亚人的聚居地，也是许多艺术家的家园以及劳工工会的中心。如今，该地区的大多数居民是中美洲移民，为逃离家乡的战火或寻找南加利福尼亚州的商机而来到此地。20世纪80年代中期，廉价强效的可卡因开始在麦克阿瑟公园泛滥，许多人轻易染上了毒瘾，生活被毁。后来，这里成为臭名昭著的毒品供应地，越来越多无家可归者聚集于此，在公园和周围的街道上活动。公园南部因修建新地铁而关闭了几年，附近拥挤公寓里的居民从此失去了重要的开放空间。经济萧条，地铁建设，公园关停，街道拥挤，毒品泛滥，无家可归者聚集，周边商业大量倒闭，许多在此经营数代的家族小店也未能幸免。

麦克阿瑟公园地区与人们对于洛杉矶的普遍印象不同：这里人口稠密、规划集中；道路功能服务于行人，而非汽车；地形多为丘陵；留存了大量传统建筑，而非新建的购物中心。上班族乘公共交通上班，其他居民则几乎整天不出街区，人行道上挤满了购物者。整个区域只有洛杉矶市中心的百老汇区每天行人匆匆，一派

繁忙。街道两旁摆满了小摊，商品种类繁多，有芒果、香水、杂志、香烟、胶带、烤玉米棒、袜子、玉米粉蒸肉等等，不一而足。街道就像美墨边境以南熙熙攘攘的露天市场，无论是绿辣椒还是绿卡，购物者可以在这买到任何东西。

在世界各地的城市街道上，摊贩随处可见；但在洛杉矶，摆摊就是犯法。放哨人警惕地提防着警察，摊贩们总有巧妙的方法若无其事地遮掩货物或者迅速打包转移，大多数小贩经常遭到警察传唤、逮捕或打击，但附近的毒品交易却有增无减。[1] 尽管面临轻罪逮捕和千元罚款的威胁，但对许多人来说，他们别无选择，摆摊是唯一的生存手段。[2]

许多摊贩是非法移民，更容易惹上法律纠纷。然而，过去几年里，摊贩们团结一心，组成了流动摊贩协会（Asociación de los Vendedores Ambulantes，AVA）和洛杉矶人行道贩卖联盟（Sidewalk Vending Coalition of Los Angeles，SVCLA）等组织，在中美洲资源中心（Central American Resource Center，CARECEN）等外部组织的帮助下，开始正式质疑摆摊禁令并游说市议会将街头贩卖合法化。经过一场艰难的政治斗争，市议会于1994年通过一项法令，承认街头贩卖合法，试行两年。[3] 该法令规定了以下严格的贩卖规则：

1. 所有合法摊位必须在特定区域内活动（通常不超过两三个街区），由所在地的社区管理机构管理。

2. 区域之间有明确界限，规定每个区域的摊位数量，一人一摊，可永久经营。

3. 设立街头贩卖区必须获得区内大部分业主的同意签字。

4. 所有流动贩卖车均需获得批准，车身宽度不得超过3英尺6英寸，长度不得超过6英尺，高度不得超过6英尺。不允许使用购物车或塑料牛奶箱售卖商品，也不能直接摆放在人行道上。

5. 所有食物需在贩卖区委员会

JOYERIA RELOJERIA
PANAMERICANA
TRAVEL SYSTEM
NADIE VUELA MAS BARATO
TANTA GENTE NO PUEDE EQUIVOCARSE

MARISCOS
TACOS

管理的厨房里准备。

6. 所有摊贩必须缴纳年度许可费，并随时佩戴摊贩徽章。

7. 摊位点必须与拐角、路边、店面和其他摊贩保持特定距离。[4]

该法令并未于1994年生效。在一些倡导街头摆摊合法化的人看来，法令的限制太过严格，充斥着政治和官僚主义的繁文缛节，给贩卖区域管理带来了很大障碍。他们认为大多数摊贩将继续非法贩卖，而这次试行注定会失败。其他人则表示，该法令是洛杉矶街头贩卖合法化的第一步，预计随着时间的推移，摆摊区将会扩大，准则也会修改。

法令通过前的几年里，我开始关注麦克阿瑟公园街头摊贩的困境。我在一间可以俯瞰整个公园的工作室生活和工作了几年，感受着这个街区里浓厚的城市气息和迷人的民族风情。当我穿过市集般的街道时，公园周围摊贩林立的人行道把日常差事变成了一场丰富多彩的感官之旅——这似乎很不美国，但同时又是地地道道的美国生活。

在民主社会中，街道是公共区域的重要标志。我喜欢摊贩们以这种方式为街区增添特色，提升行人的出行体验，而在公共区域贩卖商品是一项不容置疑的权利。街头贩卖是一种白手起家的创业方式。由于洛杉矶的大多数摊贩都是中美洲人或非裔美国人，因此有人可能会说反对摆摊是基于种族主义立场。此外，店主们的担忧也不容忽视，店铺的营业成本导致他们在摊贩面前价格竞争力不足。一些店主还认为人行道上的摊贩妨碍了顾客进店。卫生部门也有合理的安全顾虑，城市需要征收销售税。尽管地摊经济有着种种问题，我们不得不承认，反对摊售的政策有效地阻止了经济弱势群体改善经济状况。

服务站工作室

法令通过之前，我就开始通过服务站工作室与街头摊贩的社区合作。1992年，我曾与建筑师克里斯·贾勒特（Chris Jarrett）一起在南加利福尼亚大学建筑学院组建了这个工作室。[5]工作室的成立源于我们与其他教员的一场争论，争论的焦点是建筑和设计中，社会问题与形式和理论问题相比，孰轻孰重。我和克里斯都认为，只关注后者而忽视前者会割裂年轻建筑师与现代城市的关系。相反，我们想重新定义建筑学教育和日常城市（城市内居民日复一日的活动）之间的关系。我们希望服务站工作室建立在合作的基础之上，也建立在建筑传统与日常生活实践之间的对话之上。

工作室成立的另一原因在于，我们认为洛杉矶的市政基础设施正在退化，几乎未能为城市居民提供适当的服务。我们为解决方案提出了很多想法：作为工作室的第一个项目，我们需要想办法将社会服务从市中心分散到各个社区，使基础设施服务惠及更多人，提高其使用率并降低成本。我们带领一个班学生首先研究了社会服务针对的各种目标问题——犯罪、读写能力、怀孕、饥饿、艾滋病和黑帮，同时标出了交通繁忙区域——这些地方可能是方便进行服务的黄金位置，其中的最佳地点是有三个或三个以上迷你商场（mini-mall）的十字路口。最后，我们建议重建迷你商场并设立小型服务站，服务站的工作人员由社会服务专业人员组成，工作是答疑、提供资料并引导客户获得适当帮助或资源。试行这个计划的前一周，有关罗德尼·金（Rodney King）的判决宣布使整个城市一片哗然。我们打算用于试行计划的迷你商场大部分被烧毁，这更加表明城市内部存在严重的社会不满，证实了我们探讨的问题非常重要。学校领导和当地媒体对服务站工作室大加赞赏，但我们意识到目前的工作仍然存在许多问题，太抽象，太强调战略，离解决街道上的实际问题还有很远的距离。

洛杉矶服务站项目

服务站工作室必须摆脱自上而下的运作方式，着眼于具体的战术。我和克里斯·贾勒特在洛杉矶市政艺术画廊组织了一次展览来推动这个项目，从此正式参与到街头贩卖的群体中来。我们邀请了一群建筑师与当地的利益团体合作，设计规模适中、轻巧、价格适中的贩售建筑原型来改善洛杉矶生活。一共 11 个项目，涉及的区域横跨整个城市，主要针对那些地段普通、受人忽视、外人害怕或误认为是边缘地带的区域。这些街区虽然贫穷，却有着丰富的文化内涵，体现了特定地域的仪式感、独特需求与独创性。与项目建筑师合作的群体有流动建筑工人、制衣工人、无家可归者、学童、老人和街头摊贩。每个项目的名称都以“站”字（Station）结尾，并描述了项目的目的或活动，例如课后站，培训、借阅和维修站，或者社区信息站。

贩卖、等待与观察站

建筑师芭芭拉·贝斯特（Barbara Bestor）和我共同领导一个团队，与街头摊贩、店主、购物者以及麦克阿瑟公园附近的年轻人一起工作，我们称之为贩卖、等待和观察站。在这里，路边摊贩、街头卖唱者、街角布道者、嘈杂的收音机和商店双语标牌每天营造出的活力感，形成了一种独有的城市风格，而我们作为设计师，即使有心也无法与之竞争。我们的团队与流动摊贩协会和中美洲资源中心中倡导开放街头摊售的人士会谈，并花了些时间与街头摊贩和店主访谈，仔细审查了拟议中的街头售卖条例（当时尚未通过）。我们还见到了阿尔贝托·加利卡（Alberto Galica），一个坐着轮椅，在街边卖香水的小贩。按照条例规定，他卖香水永远都是违法的，因为他没有办法推车或拉车。

我们决定以条例为框架，但同时也关照条例之外的街头贩卖行为，思考如何在不侵犯当地商人和房产业主利益的同时，利用好人行道和闲置空间。我们相信，蓬勃发展的

ASEGURANZAS

街道市场会促进人流量整体增长，给所有摊贩带来生意机会。

为了实现这些目标，我们提议在人行道和空地上建造永久性、半永久性和高度灵活的建筑群。当时，周围的空地和附近在建的地铁广场正在施工，今后有着宏大的远景规划，我们建议把这些空地暂时用作篮球场、摆摊区和乘凉处。我们的建筑计划就像改衣服一样，街道结构的层次可以随着社区和城市的变化，扩大或拆除。最后综合发现，11 个项目中，只有两个完全符合新条例的要求。

服务站内的展示，有助于向更多人传播街头贩卖的想法，也向街头摊贩、店主和民选官员展示未来的无限可能。[6] 我会见了许多摊贩、倡导者和民选官员后，被邀请成为洛杉矶人行道贩卖联盟的顾问之一，该机构希望接手管理条例所示的所有八个摊售区，并启动了"人行道购物经济项目"（PASEO，Pedestrian Areas for Shopping and Economic Opportunity 的缩写，意即可购物可做买卖的行人区），项目声称将"增强社区商业走廊的色彩和魅力，防止商业衰退，促进经济增长"[7]。我犹豫不决地参与了项目，隐隐地担心它会将原本魅力四射、经济活跃的地区，改造成主题公园或购物中心缩小版。

贩售车原型

1995 年夏天，洛杉矶人行道贩卖联盟邀请我为新区设计贩售车原型。我和艺术家盖尔·麦考尔（Gale McCall）还有南加利福尼亚大学建筑学院（SCI-Arc）反叛都市主义工作室的学生们合作，一起设计和建造了几个同时满足新条例和摊贩需求的模型。前期研究中，学生们走访了摆摊区，与小贩、倡导者和流动餐车厂商交谈，并学习焊接。之后，他们将各自的设计结合起来，用钢、木头、橡胶和帆布制作了三款样车。这些手推车可销售水果、衣服或包装商品，每辆车成本为 250 到 400 美元。

我们在几个地区展示了样车，并邀请当地摊贩试用考察。摊贩们对贩售车的喜爱吸引了当地媒体的关注，他们还提出了不少优化方案。[8] 说来奇怪，环球影城步行街的开发商也联系到我们，想购买贩售车，在全国各地的购物中心推广使用，而这正是我们极力避免的。我们本打算减少成本，生产一两百辆小车，但由于缺乏资金以及贩售区管理等问题，这一工作陷入了僵局。自觉失败后，我们把服装贩售车送给了沃茨市（Watts）的一个摊售倡导者瓦杰哈·比拉尔（Wajeha Bilal），另外两辆卖给了洛杉矶市政艺术画廊用于展览。

尽管街头贩卖仍有争议，贩售车还充当了另一个角色。1995 年秋天，中美洲资源中心的豪尔赫·佩雷斯（Jorge Perez）找到我，请我协助他获得麦克阿瑟公园街头贩卖区的正式批准。他需要一份效果图向市议会展示街头贩卖区的实际面貌。当时，南加利福尼亚大学建筑学院的拉丁裔同学们刚刚成立了“南加城市”（SCI-ciudad）项目来解决拉丁裔问题，把拉丁裔社区纳入建筑学思考。他们帮助佩雷斯制作了 些有趣的合成照片，将他们设计的南加利福尼亚大学建筑学院街头贩售车拼接到麦克阿瑟公园的照片里。1995 年底，麦克阿瑟公园地区成为洛杉矶第一个合法的街头贩卖区。[9]

持续的政治斗争

街头贩卖条例四年前就已通过，麦克阿瑟公园区获得授权也已两年

Source

有余，但洛杉矶仍未实现街头贩卖合法化。警察部门继续传唤、罚款和抓捕摊贩，摊贩们继续要求他们的权利。大多数问题都是政治问题，虽然市议会确实批准了麦克阿瑟公园的摊售区，但地区顾问委员会无法解决必要的行政琐事，该委员会由当地议员办公室和洛杉矶警察局的代表以及居民、店主和街头摊贩组成，例如委员会曾发文征询愿意管理该地区的组织，但无人响应。

麦克阿瑟公园固然可以合法贩售，但由于条例中某些不切实际的规定，大部分贩卖活动可能仍属非法。例如，餐车的配置要求有制冷设备和自来水等价值不菲的设施，而大多数食品摊贩无法承担这一费用。目前，最赚钱的商品是香烟、盗版录音带和光盘。当然，按照新条例规定，这些生意仍然非法，但总会有人买，也总会有人卖。如今，每周大约有 60 到 75 个摊贩在麦克阿瑟公园摆摊，周末则有 80 到 120 个，而新区只为 38 个正式摊位发放了许可证，这意味着大多数商贩将被迫继续在未经授权的情况下摆摊售货。[10] 最后，不知出于什么原因，在 38 个合法摊位中，有 18 个被指定要求出售艺术品和手工艺品，但在这个地区出售的大部分是日用品。这样一来，新摊贩占了近一半的授权摊位，进一步减少了原来那些街头摊贩摆摊的机会。

其他方案

虽然中美洲资源中心和洛杉矶人行道贩卖联盟仍然愿意管理该地区，但也在寻找其他方式促进街头摊贩经营合法化。例如，洛杉矶人行道贩卖联盟与两名私有土地业主协商，在他们的空地上摆摊贩卖，这里靠近麦克阿瑟公园，可以吸纳一些在该地区没摊位的摊贩。洛杉矶人行道贩卖联盟还说服了大都会运输署（Metropolitan Transit Authority），允许在麦克阿瑟公园的新地铁站以及附近佛蒙特大道（Vermont Avenue）和威尔夏大道（Wilshire Boulevard）的交叉路口设立不少于 20 个长期摊位。

中美洲资源中心和洛杉矶人行道贩卖联盟还与当地多个经济发展组织合作生产贩售车。1996 年夏天，他们再次找到我，请我帮忙。他们修改了南加利福尼亚大学建筑学院贩售车的设计，交由麦克阿瑟公园地区的制造商生产，经济发展组织将为洛杉矶所有街头摊位的布局和景观优化制定总体规划。

后续与摊贩合作时，我发现贩售车设计已经升级，更加随机应变。正如米歇尔·德塞托在谈到城市战术时所说："狡猾如狐，却比狐狸更快，看到机会便立刻行动。"[11] 贩售车也能"伺机而动"，虽然基本模型依然严格遵守街头贩卖条例，但可以随时伸缩，超越条例限制，以满足洛杉矶街头摊贩的实际日常需求。

我们一直致力于使街头贩卖合法化，但结果仍不理想，期间有进展也有挫折。从这场充满不确定性的战斗中，建筑设计师学会了如何最高效地参与日常城市设计。日常都市是关于生存的斗争，经济空间、社会空间和家庭空间之间的差异随之变得模糊。建筑师参与建筑和美学领域外的工作是为了让社区变得更美好，但在这个过程中，他们必须不辞辛苦，忍受缓慢的工作进度。日常都市项目的设计与工业设计或课程设计截然不同，没有固定的期限，它更像城市本身的性格，有着自己的生命周期与发展动力。对于这个领域不太熟悉的设计师往往觉得非常棘手，再加上项目本身非常世俗，常常令人身心俱疲，内心充满矛盾，这样的状态有可能从本质上损害设计师对于日常生活的思索。

矛盾源自必须同时接受对某个问题的对立感受，这对于保持思想开放至关重要，不仅有利于实践工作的正向发展，而且引导人们根据具体的日常生活采取行动，而非受缚于教条，由此做出的决策亦比提前谋划更能得到积极响应。事实上，间歇性的疲惫感有助于建立一种工作与休息交替重复的设计模式，有的人始终乐观，有的人徒劳放弃，他们付出了艰苦卓绝的努力后，却发觉进展如此缓慢，内心沮丧和不满并最终放弃。然而，我没有放弃。《易经》有言："渐者进也。"即使进展非常有限，仍需保持积极的态度。事实上，每每取得重大进展之后，项目反而会进入搁置状态，直到预算资金再次到账、选举获胜或媒体大肆宣传后，才重新提上日程。于是，休息一段时间之后，之前暂停的工作项目总会重启。虽然形势或好或坏，但项目仍有成功希望；满怀着希望，我依然选择再次投身其中。

1994 年洛杉矶服务站项目：
贩卖、等待与观察站图绘

项目成员：诺尔曼·米勒，芭芭拉·贝斯特，瑟曼·格兰特（Thurman Grant），盖尔·麦考尔，西莉亚·米勒（Celia Miller），郑华（Hoa Trinh）

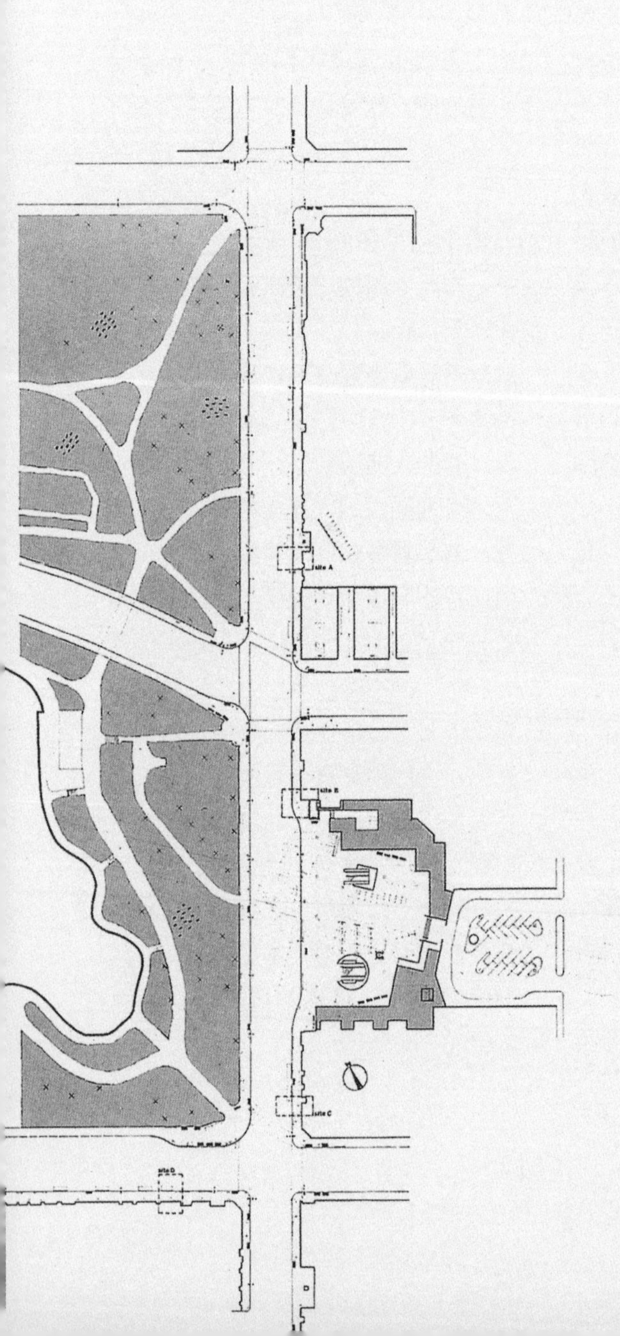

永久性建筑
（基于社区的基础设施）

场地平面图所示为麦克阿瑟公园东端，包括规划中的人行道改造计划，以及永久、半永久和高度灵活建筑的可能位置。

人行道铺路石可划分贩售车的摊售区域，应在考虑社区儿童需要的前提下由服务站工作室定制。铺路石比壁画和涂鸦更持久，可与当地青年组织合作修建，以强化社区特质。铺路石将使这条人行道看起来有点像好莱坞的星光大道，但更有惊喜。

等待墙提供了一个倚靠和休息的地方，可装配遮阳结构、定制的台面和搁架。等待墙也可用作残疾人的固定售货站。这些高度 32 英寸、宽度不等的波纹混凝土结构，将建在沿路人行道上以及露天市场内部。

超级移动架
（轻松安装拆卸）

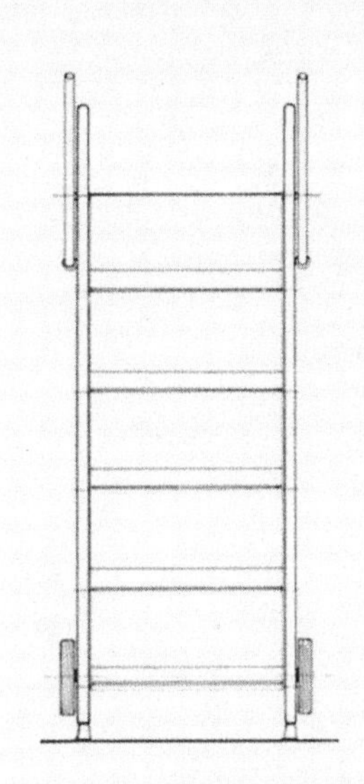

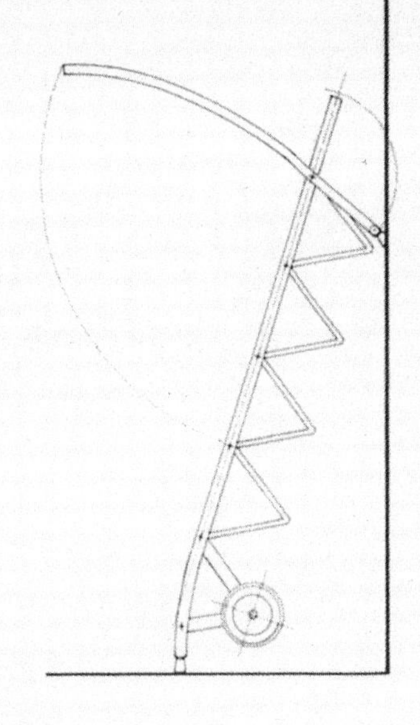

靠墙置物架的功能与靠车置物架类似，但体积稍大，支在墙上并带有轮子，可以像货物推车一样拉近拉远。

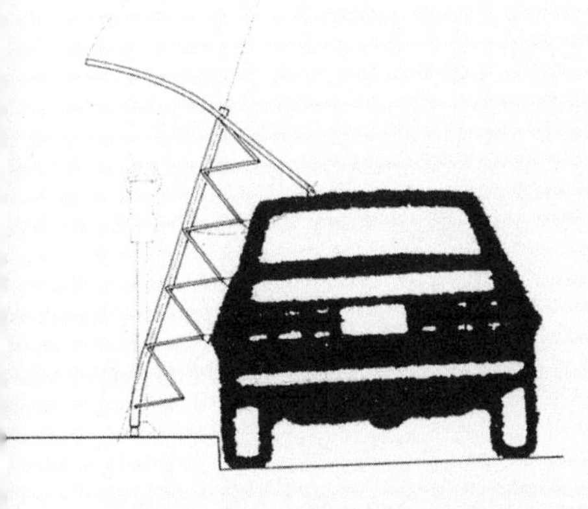

靠车置物架靠在汽车上展示商品，上有窄沿遮阳顶，架体设计紧凑，可折叠置于车内，以便运输。

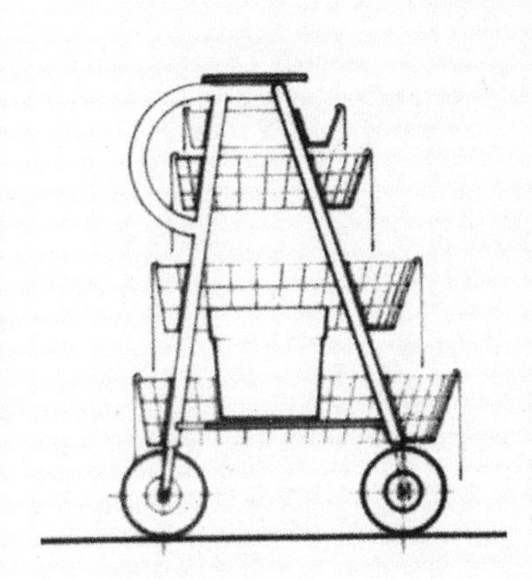

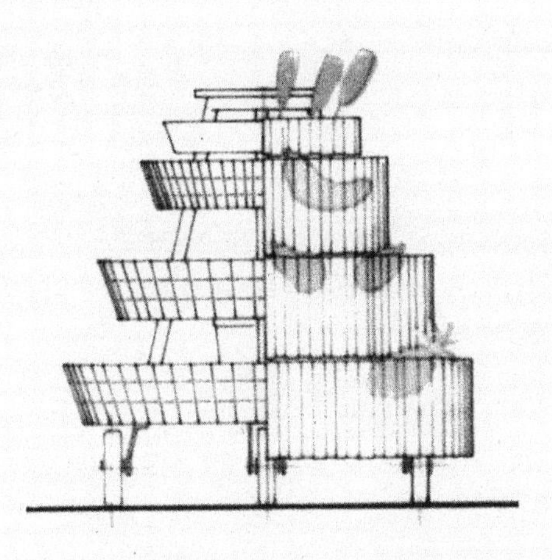

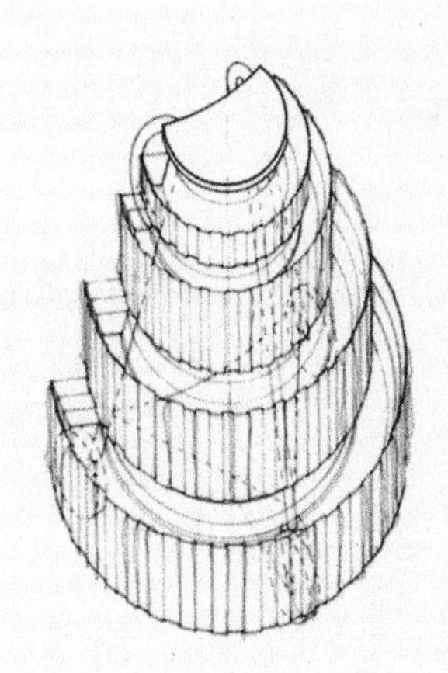

水果塔架是一种小型、带轮子的展示架，用于出售样式新奇的商品。水果塔架的灵感来自芒果等即食水果做成的水果塔风格，车上同心半圆的架子最大限度地扩大了展示空间。

半永久空间

（有照商贩在指定范围内使用的移动贩售装置）

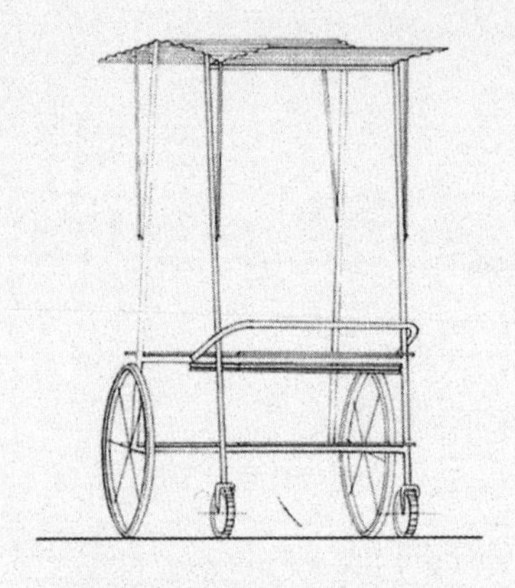

手推车利用自行车技术建造，轻巧而坚固，基本款造价低廉，可选装悬挂框架与顶篷，一般用于人行道上，铺路石标明手推车的特许售货点。手推车不使用时，车主可将车推至停车场。

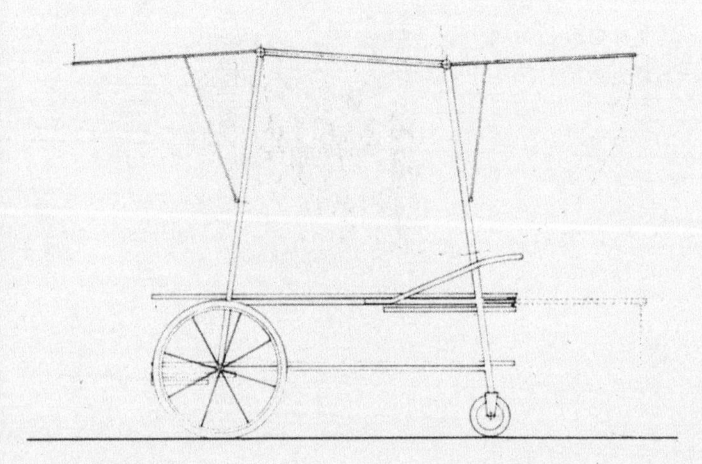

挂售杆是悬挂展示商品的装备，由铰链固定在指定墙面，杆轴垂直于墙壁延伸出去。挂售杆安装于合适高度时，行人可在商品下面及周围自由行走。

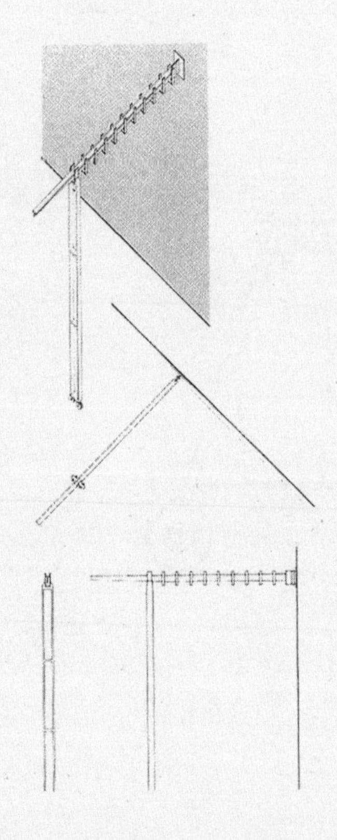

注释

1 贝蒂・简・莱文（Betty Jane Levine），“推车和角落”（*Of Carts and Corners*），载于《洛杉矶时报》（*LOS ANGELES TIMES*），1992年1月26日。

2 杰克・德霍特（Jake Doherty），“街头摊贩声称警察骚扰”（*Street Vendors Claim Police Harassment*），载于《洛杉矶时报》，1992年5月22日。

3 詹姆斯・雷尼（James Rainey），“摊贩庆祝摆摊合法化赢得最终的成功”（*Vendors Cheer as Legalization Wins Final OK*），载于《洛杉矶时报》，1994年1月5日。

4 节选自加利福尼亚州洛杉矶市《街头售卖条例和行政规范》（*Street Vending Ordinance, Administrative Code*），1994年1月。

5 非常感谢我的同事和朋友克里斯・贾勒特在本文中所表达的许多论点上与我的合作。

6 1995年2月7日，由洛杉矶人行道贩卖联盟资助的一份经济发展倡议书被提交到洛杉矶市社区发展部。由艾莉森・雷荷・贝克（Alison Leigh Becker）、艾克利・莫贝利（Ezekiel Mobley）和乔治・桑彻斯（Jorge Sanchez）代表洛杉矶人行道贩卖联盟撰写。

7 里昂・维特桑（Leon Whiteson），“洛杉矶展览提出小规模城市补救措施”（*Los Angeles Exhibit Proposes Small-Scale Urban Remedies*），载于《建筑》（*Architecture*），1994年7月。

8 马克・贝克（Maki Becker），“街头摊贩使用新秀设计师的推车作品”，（*Street Vendors Appear to Be Sold on Budding Designers' Change of Cart*），载于《洛杉矶时报》，1995年11月10日。

9 斯蒂芬妮・西蒙（Stephanie Simon），“麦克阿瑟公园成为特别摊售区”，（*MacArthur Park OK'd as Special Vending District*），载于《洛杉矶时报》，1995年11月9日。

10 “摊贩在警察局外举行抗议”（*Vendors Stage Protest Outside Police Station*），载于《洛杉矶时报》，1995年12月9日。

11 米歇尔・德・塞托，《日常生活实践》（加利福尼亚大学出版社，伯克利和洛杉矶，1988），第29页。

沃尔特·胡德

城市日记：

加利福尼亚州西奥克兰的

即兴设计

卢·沃茨（Lew Watts）摄影

有一种被称为“即兴设计”的新方法，与一般用来改善低收入地区的规划设计标准和模式相反，它能够将真实的社会和文化模式转变成空间物质形态。“即兴设计”始于对一些特定社区社会和文化的记录。了解社区日常活动使得设计师能够理解社区的动态经济、物理和社会结构。这种理解有助于建立规划和真实社区生活问题之间的直接联系，在设计过程中充分考虑人的条件。无论是主观的解释，还是客观性的评论和研究，都说明了即兴设计过程同时从内部和外部的角度阐明了关于地方和文化的特殊态度。规划师提出棘手的问题，直面城市社区真正的问题。即兴设计策略就是允许居民用他们的日常生活模式来塑造自己的社区，使得社区和外界都能够看到当地本身的模式和问题。本文着重研究西奥克兰一个迷你公园的规划和设计过程，这个案例同样适用于美国其他城市内的社区。

示范城市和示范迷你公园

20 世纪 60 年代后期的“示范城市计划”被规划师高度赞扬，其旨在帮助改善美国主要城市“受损”的物质和社会环境，该计划的主要目标是“消灭贫民窟”。1970 年，北加利福尼亚州西奥克兰社区被划进示范城市计划中。在大张旗鼓的宣传中，城市原有的大片社区被拆毁，为后续新建低收入住房、街区公园和开放空间扫清障碍。作为示范城市社区进行重建的 25 年后，该社区再次被奥克兰城市规划署“重新”界定为新的重建项目。因为原“示范城市计划”下创建的公园、开放空间和住房项目已经成为公害，滋生了更多的非法活动和持续性故意破坏的行为，使得诸如酒类商店、支票兑现机构和快餐店等依附型企业数量激增。承诺的经济计划从未实现，交通基础设施绕过了社区，进一步将其与中心城市隔离开来，这些都恶化了城市景观。

规划师和倡导者将城市内部的迷你公园视为一种有价值的商品，尤其在市政建设和住宅用地竞争激烈的背景下，争夺土地资源创建公园以有效延伸开放空间成了示范城市重建计划的关键要素。创建开放空间的思想观念使得迷你公园、游乐场和口袋公园的建设得以实现，他们可以挤进那些不规则、不寻常且价格低廉的地方，而这些做法在之前的规划设计中很容易被否定。[1]

大多数美国城市都有迷你公园，并且其形式和设计都出奇的一致，开放的绿地、蜿蜒的形态、一些标配设施诸如人造的游乐设施、长椅、游戏桌和自动饮水器等，有些迷你公园还会为篮球、手球和绳球等活动准备球场区域。在这些标准和方案要素中嵌入了社会改革战略，只允许规范性或主流化地使用公共空间。

城市迷你公园是许多人每天都会经过的地方，父母或年长的兄弟姐妹带着小孩子在公园玩耍，成群的学龄儿童在前往附近其他地方的途中可能会在公园短暂停留。没有其他地方可去的青少年可能会坐在迷你公园的长椅上，观察街道。在一个温暖的夜晚，一个临时的半场篮球赛有时会使公园充满活力。迷你公园是一个结构化的环境，它为特定群体及其固定的娱乐活动而设计。

其他人群也使用城市迷你公园，但他们的需求与场地设计的最初目标可能截然相反。我们每天都能看到这些活动，无家可归的成年人在公园里喝酒聊天，社区回收工作者把他们的手推车推进公园休息一会儿，青少年通过纹身和涂鸦表达自己。迷你公园的模式让这些没有归属感的社会成员失去了使用空间的合法权利。必要的需求在公园初步规划和设计时常被忽视，因而当使用方式与规划设计产生冲突时，很容易导致社会不公平现象。当未被规划的使用行为发生时，冲突就出现了。

在日益私有化的城市环境中，在公共空间越来越稀缺，且公共机构预算越来越少的背景下，如何重新设计小型公园这样的便利设施以便更有效地为社区服务？众所周知，形成这些空间的价值观和态度的主要来源是中产阶级的价值观，亦即局外人的观点，那用什么样的方法能更好地倾听社区内的声音？如果设计师根据居民的实际做法和熟悉的模式来重新创建公共场所，有可能会产生不同的价值观、态度和新的空间形式吗？这里首先需要回应一个最根本的问题，即人们难道没有资格去拥有满足他们需求的社区公共空间吗？

城市观察

西奥克兰城市迷你公园重构揭示了即兴设计可以开辟社区意识和赋权方式的新标准，并提供了一个实际可行的案例，它呈现了没有归属感的社区成员如何参与公共环境重建过程。这个公园最初的发展愿景是成为一个纯粹包含美国主流开放空间设计理想的公园，并没有反映出它所服务的社区对象的独特品质和需求。抛开先入为主的观念、道德姿态和改革主义的方法，即兴设计过程将历史意识与对日常生活节奏的观察放在同等重要的位置，让设计师用眼睛和耳朵观察社区。大多数设计师熟悉历史研究，但并不熟悉日常生活化的考察。景观设计师伦道夫·赫斯特（Randolph Hester）写道："观察是发现人们做什么以及人们如何与社区空间内其他人互动的最好方式。"[2]这篇城市日记记录了我在西奥克兰一年的观察结果，日常经验的场景构成了新的叙事。坐在公园里讲故事的老人、无人看管的单亲孩子（他们的母亲没有时间带他们去公园），公园周边举行的有关汽车细部设计的创业活动，以及当地妓女的日常生活等都被见证和记录下来。每个活动、事件或使用情况都是调查的主要对象，大量的反馈声音本可以被听到，一些声音被20年前的公园规划者听取和接受了，然而另外还有一些，就像现在一样被忽视了，因为我们不想听。

杜兰特迷你公园

杜兰特（Durant）迷你公园的规模只有1/4英亩（约1011.7平方米），只有正前方面向街道，后侧曾经是一所房子，并夹在一所小学和一对复式公寓之间。整个街区主要是住宅区，包括独栋房屋、公寓、出租房、艺术家工作室，街道拐角处有一家酒类杂货店，在步行范围内有一条四车道的街道。公园内有耐寒桉树、常绿灌木、游乐设施、游戏桌、长凳和自动饮水器。

这个公园在一天中的大部分时间通常是空的，除了那些在街角小店停下来喝酒的人，这个空间几乎没有使用者。游乐设施、长凳和自动饮水器在公园里像废墟一样被忽视了。杜兰特迷你公园似乎是被一只外来的手放在社区内的。相比之下，杜兰特学校无论是不是在上课，

杜兰特迷你公园

学校附近的大片区域总是挤满了当地的孩子，他们有的打篮球和棒球，有的互相追着跑、绕圈跑或只是闲逛。

为响应不同的反馈声音和社区需求，设计师可以运用即兴设计的方法，将杜兰特迷你公园从闲置状态改造成社区设施。即兴设计的方法需要基于先前存在的本地资源、灵感和机会来重塑特定环境，并通过使用现有的手段创造、制作和组合。杜兰特迷你公园转变的理论基础是建立在记录日常生活方式和社区实践基础上的。即兴设计从这些行为和事件中得到提示，引导社区内部的转型。

开放的心态是记载和理解差异性的关键，并抛开现有体制政策和政治立场的束缚。社区邻里从以前没有发言权的人变为现在的客户，可以参与决定和设计自己的公共空间。

日记

这些日记包括对杜兰特迷你公园的实际使用和事件观察的直接记录。日记条目分为“公园”和“街道”两部分。每一部分进一步分解为5天，每一天分别代表一个层次的观察和分析，记录一个功能并产生一个新的解决方案。每一天都包含以下部分：观察、分析、解决方案和愿景，最后一个部分记述了对公园创新发展的可能性思考。

公园

第一天

观察：我已经注意这个花园很长时间了。它总是很整洁，混合种植的蔬菜和玫瑰在人行道上形成了美丽的边界，色彩缤纷的植物与绿色草坪相互映衬。我一直对沿途放置的水壶感兴趣，他们为什么会在那里？我的理发师告诉我是为了防止狗跑进来损坏植物和草坪。我从来没有看到过园丁，如果我见到他，我会问他或她关于这个水壶的问题。

分析和解决方案：花园是园艺活动活跃的地方，这是第一层次的使用。凸起的种植床是为了能够更充分地利用阳光，在通往花园棚子的小路两侧有一排排面对面种植的果树。草药沿花园边缘生长，花园里的空间格局主要依据了蔬果的排序。花园的主要需求是农业种植，人们通过花园种植使其产量应满足至少 10 个家庭（街道一半人口）的需求，为此花园面积只需 6000 平方英尺（约 557.42 平方米）就够了，这个数字较小也有可能是因为不是所有的街道居民都参与了花园管理和运作。园艺学家布鲁斯·斯托克斯（Bruce Stokes）估计，一个四口之家每周花费 5 小时的耕种时间，就可以在 600 平方英尺（约 55.74 平方米）的土地上生产家庭所需蔬菜的三分之二。[3] 第一天，这是花园唯一的用途。第一层次的使用是一维的，即社区居民种植自己吃的蔬菜。

愿景：我在任何时间都没看到过两个以上的人在花园里劳作，但丰厚的收获表明了他们的劳动和奉献精神。玉米、羽衣甘蓝、土豆、鲜花密集地种在被抬高的种植床上。社区里的孩子们把仓库变成了游戏小屋。园丁离开后，孩子们就在菜地里玩起了捉迷藏。

从第一天开始，花园就接纳了当地的孩子们，并且还接受成为他们的游戏小屋和他们的俱乐部。基于孩子

第一天：邻里与花园

们的想象，花园小屋很可能变成星际飞船、堡垒，等等。一个位于附近的沙箱可以容纳富有想象力的游戏。这些元素成为研究杜兰特迷你公园作为儿童游戏环境的起点。

第二天

观察：孩子们从来不玩游乐设施，当我经过的时候，我常看到他们在挖泥土或是爬上老梧桐树。铁丝网围栏已经变成一个波浪发生器，沙箱墙成了“西蒙说”（Simon Say）[①] 互动游戏的场地。他们从不使用游乐设施，至少我没看过他们使用它。

分析和解决方案：基于这些观察，限于使用模式和安全考虑，我已经在我重新设计的理论框架中删掉了游乐设施。设计师马克·里奥斯（Mark Rios）认为“攀爬是一种典型的被设定的游乐设施，强制性地规定了使用它的具体方式。但是在操场上，锻炼身体技能却只占所有活动的10%。”[4] 在第二层使用方式的考察中，孩子被视为是喜欢冒险的、好奇的，且富有想象力。他们可以在不同的地方和地面上玩游戏，比如草皮、沙子、沥青、混凝土和花岗岩地面。多重环境确保了游戏、学习和体验的多样性。沙箱是我不会改变的功能，因为它是一个非常受欢迎的地方，让更小的小孩都可以在大人的看管下玩耍。没有游乐设施的游乐场让孩子们能够利用环境及其物品发明和创造，并建立与他们自己的联系。

① “西蒙说”是一个传统的儿童互动游戏，一般有多个小朋友参加，一位小朋友充当西蒙并宣布如跳、跑、抬脚等指令展开游戏，不能完成者会被淘汰。——译者注

第二天：游戏室

愿景：两个女孩在斜坡草地上开了一个茶会。他们把工具棚变成了游戏小屋，假装这里是他们的家。这两个女孩向他们的兄弟喊话，他们的兄弟正忙着玩一些类似捉迷藏、警察和强盗之类的游戏。在沙箱里，两个孩子用从园丁那里借来的工具建造了一座城堡。他们的活动将整个地方变成了游戏室。

第三天

观察：春天带来了菊花和情侣们，他们带着从街角商店买的酒，一起坐在野餐桌边，一起看着街道，甚至也不会聊天。

分析和解决方案：第三个转变从一个隐喻建构开始，即情侣。空间成为人类关系发展的背景，情侣们聚集到公园高处一块赫然耸立的栖木上，这是一个适合夫妇、情侣和疲惫的人休憩的地方。高地将场地中人与地面上的其他活动隔离开来，对于那些既想要隐私但又想被人看到的人来说，这是一个熟悉的地方。栖木其实就是一个基本的构筑物，其结构主要是一个有简易双坡金属屋顶的轻捷框架。栏杆和楼梯的主要功能就是提供安全保护和上下的通道。水果花、鼠尾草和蓝色的光环弥漫整个空间。这是一个可以让人们邂逅、交谈和恋爱的地方。

愿景：他们坐在一起，无论是在与街道同一水平面上还是在耸立

第三天：休闲栖木

的栖木上。由于孤立感和团结感加剧，他们的亲密关系也加强了。从街道上可以看到他们，他们也拥有自己的空间，直到夕阳西下。

第四天

观察：拿着棕色纸袋的他们离开商店，直奔公园。这里是喝啤酒和欣赏街边风景的歇脚点。唯一的座位就是一个餐桌和两个长凳。一旦喝完啤酒，他们就会离开。

分析：虽然目前禁止在公共场合饮用含酒精饮料，但这一规则始终未被执行到位或直接被忽视。与禁令产生进一步矛盾的是，出售啤酒是社区商人的首要收入来源。22盎司和40盎司的麦芽酒的流行意味着用更少的钱购买更多的麦芽酒，这是啤酒经销商和公司在边缘少数族裔社区实行的营销妙计。

解决方案：现在这些“非法”活动让我想起慕尼黑的啤酒花园。在离家更近的地方，在一个温暖的下午，一位房主割完草坪后偶尔会喝点儿啤酒。啤酒花园模式是一个可以解决问题的简单方案。在杜兰特迷你公园，啤酒花园不会是销售

第四天：啤酒花园

啤酒的地方，但也不遏制消费，它更是一个可以坐下来放松的空间。有成排的树木、座位、种植花园以及远离街道的地方都是可以包容啤酒饮者的庇护所。在这种包容的氛围下，人们可以假装成很熟悉的人，从而使场地得以延续。

愿景：啤酒花园在炎热的天气里座无虚席，他们在分享故事或放声大笑。喝酒的人坐在门廊上，其他人则坐在后面休息，一起看着园丁、情侣和玩耍的孩子们。

第五天

观察：我不得不把车停在一边让他们先走，因为我看见一长队购物车在相互撞击，撞击的声音带有音律，就像是打开的窗户旁边的吊灯发出的玻璃碰撞声一样。一个在前面指引，另一个从后面机械地推，像火车一样的手推车和推车的人沿着街道的中心艰难前行，无视在他们周围的汽车。那天晚上，我被神秘的咔嗒声吵醒，瞥了一眼钟表，发现是凌晨3点，远处的咔嗒声变成了叮当声，然后是美妙的叮当合唱。当合唱声渐渐减小，我翻过身继续睡。整晚，玻璃瓶的声音充斥着我的梦境。早上，我发现我留在门口的一袋空啤酒瓶消失了。

分析：这一想法与城市回收计划背道而驰，城市回收计划不允许个人回收者进行回收。

解决方案：设置一个允许居民将他们的回收材料带到公园的回收设计，如足够宽的手推车通道，该结构允许那些在街头收集罐子、瓶子的人每天来公园里取物品。回收设计可以扩展其结构化的意义和用

第五天：回收箱

途，比如可以同时作为一个杂物间、回收棚和孩子们想象的任何东西。

愿景：他们早上的第一件事总是要清理干净黄色的城市回收箱。我在前一天晚上把我的回收箱放在那儿，里面有一小堆瓶子罐子。回收者就好像是到杂货店购物一样，把手推车推到过道，把各种瓶子和罐子进行分类以便运到回收中心。我下班后拿回我的空黄色箱子，看到回收棚子已经清理干净了。

基于即兴设计的杜兰特迷你公园

蔬菜种植及其设施沿着公园东部边界扩展。镶嵌着鼠尾草和薰衣草花边儿的常绿树篱围合出啤酒花园的座椅区域。一排果树沿着西侧排开，沙箱藏在场地后面的竹林中，休息场地扩大到包括街道旁边的两个房间。这个多功能场地需要满足玩耍的孩子、园丁、勤劳的回收者的需求。花园、沙箱、休息地、啤酒座椅和回收设施形成一个有趣的组合，一起把公园空间变成一个独特的地方。没有一个单一的纲领性概念可以完全主宰这个空间，而差异和包容的精神创造了这样一个具有多重含义的地方，强调将邻里实践与规范化的社会价值观进行融合，哪怕其中有不一致的地方。

杜兰特迷你公园的最终模型

街道

很明显，比起使用公园本身，社区居民更愿意将公园周边的沿街地段作为开放空间使用。根据简·雅各布斯的话："一个城市越是能够将每天不同的用途和使用者融入其日常街道，其人民就越能成功地、随意地和有效地生活，使得地理位置良好的公园越来越有活力，他们的社区更有品质和欢乐，而不会空荡荡的。"[5]

设计干预措施应该反馈社区的环境生活以及随时间变化而呈现的需求，为公共空间创造更多用途。为此有了记录街道活动的第二套日记。

第一天

观察：奥普拉·温弗瑞（Oprah Winfrey）的影像同时从三台彩色电视机中投射到街道上，两张桌子、一个躺椅和一盏破碎的灯，使得草坪有了起居室的视觉感受。一个高个子男人正在喝着一大杯 Olde Ehglish 牌子的啤酒，同时两个大个子从卡车上卸下一套庭院椅子。当奥普拉的节目进入广告时间，可以听到约翰尼·吉尔（Johnny Gill）的歌曲从楼上音响中飘出来；两个可爱的女孩来到街上，跳了几个新动作；三名海军士官停下来买了一把椅子。这一幕场景相当超现实：约翰尼·吉尔、两个女孩舞动的手脚。买卖双方就这样占据了整条街道。

分析：车道沿着独栋住宅周边草

第一天：售卖区

坪的边缘一直延伸到房屋的后面，一般最终以住宅后方的车库为终点，但是今天它通向一个混凝土庭院。住宅的私人车道是混凝土地面，尺寸由汽车尺寸决定，宽度一般为 10–15 英尺（约 3–4.6 米）。在第二十九街上，汽车要么停在私人车道上，要么停在路边，以便快速地驶进驶出。车道上可容纳汽车修理、洗车、儿童游戏、存放收藏品，或偶尔存放需要修理的船只。车道上有许多活动，从生日聚会到篮球赛等。

解决方案：第二十九街的居民需要一个保护、展示和销售收藏品的地方。售卖区美化了私人车道并给居民提供了一个永久展示商品的平台，使居民不再需要为了在草坪上卖物品而把它们从卡车上搬上搬下。售卖区由 5 个主要元素组成：屋顶、地板、立柱、墙壁和坡道。经典有序，他们创造了一个面向前院的侧门廊。一片蓝色灰泥墙壁，厚实却无光泽，既是对大卫・霍尼克（David Hockney）的加利福尼亚州街景致敬，又是街区的一张名片。围墙和私人车道是“环境财富”。[6] 沿着地界线建造的墙壁原本只是邻居之间的围墙，但通过添加地板、屋顶和柱子，这里就变成了一个储存空间。屋顶由拉丝金属构成，既映射了上面的天空，也保护了下面的储藏品。屋顶连接到围墙和柱子上，从而使水流可以顺着侧墙上的排水管向下排出，排水管成 45° 斜插向地面，直接连到地面的排水沟中。六根又高又细的柱子将屋顶向上抬，为中间的销售区留出了充足的空间，中央的两根柱子中间有方便装卸货物的坡道，斜坡向下与院子中央的人行道完美相连。为了便于装卸，售卖区地块被抬高在混凝土码头上。

愿景：利用坡道形成的高高耸立的售卖区已经取代了原本单一的私人车道。收藏家们有一个很好的营业场所，可以观察街道全景，而简单好用的排水设施使得他们的藏品保持干燥。售卖区在此时成了舞台，整齐地展示着墙上的物品。交易开始时，首先销售的是两台彩色电视机和一把索奈特（Thonet）椅子。卡车倒向码头，卸下一张铜床，一个顾客赶紧冲过来询问价格。

第二天

观察：在第二十九街的日落时分，刺眼的阴影落在柏油马路上。

性工作者大摇大摆地走在路上，邻里们伸长脖子向她投来好奇的目光。她环视了一下街道，整理了裙子的开衩处，露出修长白皙的腿。几分钟后，一辆蓝色的雪佛兰开拓者汽车谨慎地停在她旁边。性工作者向司机点点头，向四周扫视一圈。司机用一个简单的手势招呼她过来后，她跳进开着门的车里。整个路程很短（60 米而已），这个“约会”本身非常迅速（约 2—3 分钟而已）。司机一个急转弯将她放在原地。当她重新漫步在街上，他在开走前最后望了她一眼。

分析：混乱、欲望和金钱是对街头日常的影响因素，街头卖淫通常与邻里衰落紧密相关。合适的社区、十字路口和街道是街头性工作者的主要商业选择，最受欢迎的是那些人与人之间冷漠度很高，且缺乏警察监管的社区。走在破旧的建筑、酒馆和混合公寓旁，性工作者向每一个走过她们身边的人招揽生意。卖淫行为通常发生在汽车可达的范围内。他们会选择在一个私密的地方停车进行服务，如高速公路下、空置房屋旁边的路边。一些城市建立了红灯区用以满足孤独或欲望。但在美国的大多数州，卖淫是违法的，但法律并不能使其消失，尤其在衰落的社区中。

解决方案：流动的汽车妓院成了社区街道中的新机构。它既隐藏起性工作者和嫖客之间的行为，又

第二天：汽车妓院

使其在社区中可见，汽车妓院的尺度是亲切的，受制于汽车的形状和尺寸，可以如停车位规模。顶棚和门是两个相切的圆形，代表男人和女人。下面的圆曲面是可伸缩的，上面的圆曲面是固定的。当有车驶入，门会沿着内置轨道降下来。可以使用硬币或美元支付短暂的时间，如5分钟、10分钟或者15分钟。自动售货机设置在内部显眼的位置上，每周会补充避孕套。

愿景：她接受了他的点头随即跳上车的前座。他是个中年白人，她是个高挑的黑人。他们慢慢地开着车，同时谈论着价钱。车开到了汽车妓院，女人投下硬币，门降下来了。

第三天

观察：周日电视上正在转播旧金山淘金者队和达拉斯牛仔队的比赛，达拉斯牛仔队输了，这场橄榄球比赛对于六个男孩来说变得极其无聊，他们夺门而出跑到街上。手中拿着橄榄球，脚上穿着耐克鞋奔跑在风中，他们自己的球队很快就要进行比赛选拔了。

分析：当汽车在美国的城市中成为不可或缺的一部分，公职人员和居民都在汽车和街道社会生活二者之间努力协调。20世纪60年代后期，为了给行人提供便利，封闭式的步行街购物中心逐渐取代了城镇核心区的汽车交通车道。但是，这不仅没有丰富街头生活，反而将社交活动减少为单一的商业活动，从而产生日益封闭或慢节奏的街道，可以将其理解为住宅版街道。包括后期许多社区设置的减速带或交叉点障碍，都是用以减缓交通和引导汽车。但事实是汽车不应该被驱逐，一个充满活力的街道生活是由许多不同事件和变量混合产生的，其中也包括汽车产生的事件和变量。

唐纳德·阿普尔亚德（Donald Appleyard）提出的理想街道的七大

特色，为改造和提升街区生活设定了有价值的标准。[7]但唐纳德·阿普尔亚德并不讨论如何将汽车周围发生的社会交往活动一起纳入理想街道中。在工人阶级社区，汽车是社会地位的一个指标，汽车对于许多人来说是唯一的个人重大投资，由此可见，汽车成了他们日常活动的中心。停车、开车、清洁、修理，汽车是生活的焦点之一，也是生活中需要被优先考虑的事情。[8]如此看来，街区应该融入人们与他们的汽车之间的紧密关系。

解决方案：第二十九街是一条双车道街道，两侧路缘都设有停车位，街道活动场其实就由三个简单的建筑形式构成：沿着路边放置的弯腰长椅，长椅之间规律栽植的高大的杨树，每10码（约9米）设置的一条法式排水暗沟。汽车仍然被允许上路，但排水渠的设置使得交通流量减慢。橄榄球比赛要开始了，人们聚集在杨树阴影下的长椅上。当街上没有比赛的时候，汽车可以停在长椅旁边，开着车门并大声放着音乐，这条街就成了汽车的延伸。社会集会、汽车维修保养等活动在这里随处可见。

愿景：在大型职业橄榄球赛结束后，街区居民坐下来观看自己社

第三天：街道活动场

区的比赛。比赛进行时，高大的杨树如同体育场上的横幅般闪烁，整个街区充满欢呼声。

第四天

观察：她在街道上反反复复、来来回回地奔走似乎是迷路了，黑影掩盖了她的面庞——眼神凄苦迷离，窘然无措。她的神情迅速变化，一瞬间她做出一个决定，她径直走向那辆熟悉的汽车，时隐时现。

分析：美国社区保障性住房的匮乏程度已经非常惊人，鉴于城市社区人口不断变化，缺乏多样性的住房市场变得非常惨淡。在整个西奥克兰社区，单亲家庭、夫妇家庭、老年人、穷人家庭占据了原本为核心家庭设计的住所。不得已，他们只能自行改造这些住房的原有结构。

解决方案：社区内教堂的停车场在一周的大部分时间里都是空的，星期天的集会之后，人们就会各自离去。为了缓解压力，在这个地段的东部边缘可以划出一个 15 英尺宽的地块，为当地街边的妓女建一些非常小的公寓住房。如南方农村的盒式住房（包括 7 个单元的公寓），数字 7 有神圣的象征意义，它代表“世间万物的整体性”和“完整性”。[9] 公寓一般有 3 层高，后面有一个带有围墙的花园，可供居住者进行日常的劳作——耕作以洗涤内心，同时可以维持生计。7 个单元共享一个公共大厅，在建筑交错处的角落，楼梯螺旋上升直至屋顶，那里可以看到街道和天际线。建筑西面用通透的窗户面向教堂，表示与神的不断对话。日落时分，夜晚的阴影逐渐笼罩了建筑，使它隐身在夜色之中。

第四天：教堂旁的小公寓

愿景：到了公寓门口，她经过其他单元到达自己的房间，阳光像照耀在海滩上一样明亮。教堂的轮廓看起来比平时更高大。当她卸下一日的疲惫，教堂尖顶的阴影慢慢落进她的房间，这一瞬间会使她感到安全。

第五天

观察：当我洗澡的时候，忽然想起上次洗澡时摔碎的那只大理石纹理的可可油香皂。于是，我关上龙头，穿好衣服，在夜晚的微风中走去街角的商店让我觉得又充满了精力。在街上，一个人伸手向我讨要零钱，我挥手打发了他。收银员在商店柜台的后面，我先在商店里转了一圈又回到了柜台处，收银员正忙着服务一个女顾客，Olde English 啤酒、博洛尼亚香肠和三大块糖放在柜台上。她大声说道："我很快的，你知道我很好的。"收银员耸了耸肩，将她的晚餐打包，并扫视了一下四周，直到我开口问道："有香皂吗？"他指向远处的一个过道说："在那里。"我只找到两种品牌的香皂——象牙牌（Ivory）和黛而雅（Dial）牌香皂。我考虑了好久，精挑细选了一块象牙牌香皂。走回柜台时路过一个塞满麦芽酒的冷柜，旁边有大量罐头食品、一大堆糖果和零食。我径直离开走到柜台，收银员扫了 Ivory 皂上的标签后我付了钱，他又耸了耸肩。就像我每次在这个商店里买东西所做的一样，我们又经历了这一过程，我问他为什么总是进些可能损害我们社区居民健康的商品时，他用无奈且顺从的眼神看了看我，就好像他知道我们一定会栽在这里。

分析：当我还是一个孩子时，我的母亲经常打电话到街角的商店订购商品，我会跑 800 多米去取回商品。去商店跑腿意味着可以得到夹心饼干，还可以看到柜台后面有一位穿着白色围裙的屠夫。今天，这里变成了销售麦芽酒和香烟的地方，同时还有诸如支票兑现、酒类商店、快餐店等店铺，他们像过节似的凑在这个街区里。附近的商店受益于内城充满视觉感的广告。当我抽烟时，人们会问为什么我吸 Newports 的烟。我只能回答说"这是这个街区附近唯一打了广告的品牌，我很少能看到万宝路的推销员来这里。"街角是一个可以看别人也可以被别人看的地方，每次年轻人和老年人站在商店旁讲话时，他们同时也看着街道，不时还有人停下车聊天。虽然威廉·怀特（William Whyte）将角落描绘为“一个伟大的表演场所”、一个社区活力和社区精神的标志，但是在内城，角落聚会通常意味着非法活动和麻烦。[10]

解决方案：街角商店可以带头做出改变，建筑物本身可以被肢解并进行积极改造。门面向街边打开，让更多的光进入室内。酒类经营许可的改变迫使商人运用更有创意的营销策略。熟食店沿后墙进入。通道可以变得更宽，从而让收银员可以看到整个商店。蔬菜箱可从室内移至室外。角落可以放置遮阳篷和椅子，形成一个可以停下来聊天和闲逛的地方。到了晚上，铁质的卷帘门放下来。在商店旁边有一处市场摊位，这处摊位还带有一个高于街面的观景台，形成了一个新的节点。观景台是有趣的“显像构造”，为街道提供了一种身份，从社区投射到路人。[11]社区的居民和商人在这处摊位卖蔬菜和其他商品。观景台同时也是街区邻里监控程序的核心——每个邻居轮流到街角商店旁边的观景台，此时也是瞭望塔楼上值班。

愿景：收银员从他的梦中惊醒，被吓得汗水都湿透了衣服，梦中他的顾客们走向他，伸出的双手中拿着棕色小袋子，身体憔悴、营养不良。顾客们都压在他身上，这些没有脸的黑影尖叫着“杀手”。他猛然意识到他在社区生活和工作的责任。第二天，他关了店。一个月后，他重新开门营业，提供5种香皂，并有新鲜农产品和一个小熟食店。在曾经的售货窗口，可以看到站在柜台后方工作的人们。

这一天是莎拉（Sarah）值班的日子，她带上她的素描本和绘画

第五天：街区商店

颜料用来消磨时光，瞭望塔楼是一个很适合画画的地方，她爬上楼梯，交接早班，马布里（Mable）小姐在离开前向莎拉交代了一天的事宜。莎拉手执画本，向下面的商人点了点头，确认三个摊位是看得到的。她看着街上的小孩微笑起来，两个孩子一边仰头给她打招呼，一边跑向商店。

结语

城市公园不是抽象物，也不是天然的正确良好行为、榜样的展示场所。这就像人行道不是什么抽象的存在一样。一旦它们脱离了具体的实际使用价值，它们就不具有任何意义。因此同样，一旦它们脱离城市里的地区对他们产生的具体影响——不管是好的还是不好的——或者是人们对它们的具体使用，它们就失去了任何意义。

——简·雅各布斯，《美国大城市的死与生》

这些日记提供了不同的生活经验，相应的也为西奥克兰杜兰特迷你公园及其周边地区的改变提供了多种可能性。这种记录提供了一种聆听邻里居民生活故事的方式，一个创造社区生活节奏和精神的有形基础。这个观察的过程可以帮助居民和他们居住生活的环境重新建立

第五天：街区商店和瞭望塔楼

联系，提供潜在的解决方案或者是替代设计的过程。

但即兴设计仍然是依附于环境设计的传统设计策略，最重要的是理解常见的日常场景的做法。即兴设计的原则超越了自发变化和形式构成，改变和转换是以个人表达为指导，结合对社会、环境和政治的分析。这个过程从正式的组成部分开始，但并没有程序性的限制和约束，常常保持沉默，期待新生。即兴设计将这些设计元素重新塑造成新的形式，通过思想的融合和转移，生成加强社区形象并扩展现有传统的设计对象。即兴设计的过程避免了霸权主义，而将设计师置于需要创造力和概念上协作思维的环境中。作为一种调查研究的方式，即兴设计引发了一系列新的目标：

1. **适应自发变化**：设计师必须接受城市和社区在不断流动这个事实，空间应鼓励个人和社区的自由表达。

2. **自我表达**：设计师没有被降级为促进者或策划者的角色，而是提供正式合理的解释。

3. **增强社区形象**：熟悉的环境验证了城市生活中多重观点的存在，甚至是那些站在传统或官方话语之外的人。

街道全景

4. 延伸和深化环境设计的传统：即兴设计使用以前的规范作为出发点，但要求高度具体和个性化的反馈。它通过关注集体或个人基于特定的地方或文化关联程度来促进变革。对于每个设计，日常熟悉的元素都必须被解剖。因为一个习以为常的日常做法或对象在一种文化中可能是非常有价值的，但是在另一种文化中可能完全不相关或不存在。日常熟悉的元素与设计中的每一个组成部分应该进行对话，从而使设计过程在结构上类似于爵士乐的作曲过程。设计元素起着节奏的作用，重构空间以求更好地把握对地方和文化的熟悉程度。在设计基地的边界内，根据设计元素之间的相互关系以及用户对其赋予的涵义，可以帮助创建多个反馈层去形成新的设计元素、关系和用途。实践反映的特定的态度和价值会随着时间的推移而改变，新的设计元素和空间模式是从特定实践中衍生出来的，历史、观察和社会学分析均可以帮助我们分析并得到这些的新的形式。

我在这里提出的有关杜兰特迷你公园的许多创新思考，都是关于什么构成了适合社区的开放空间的

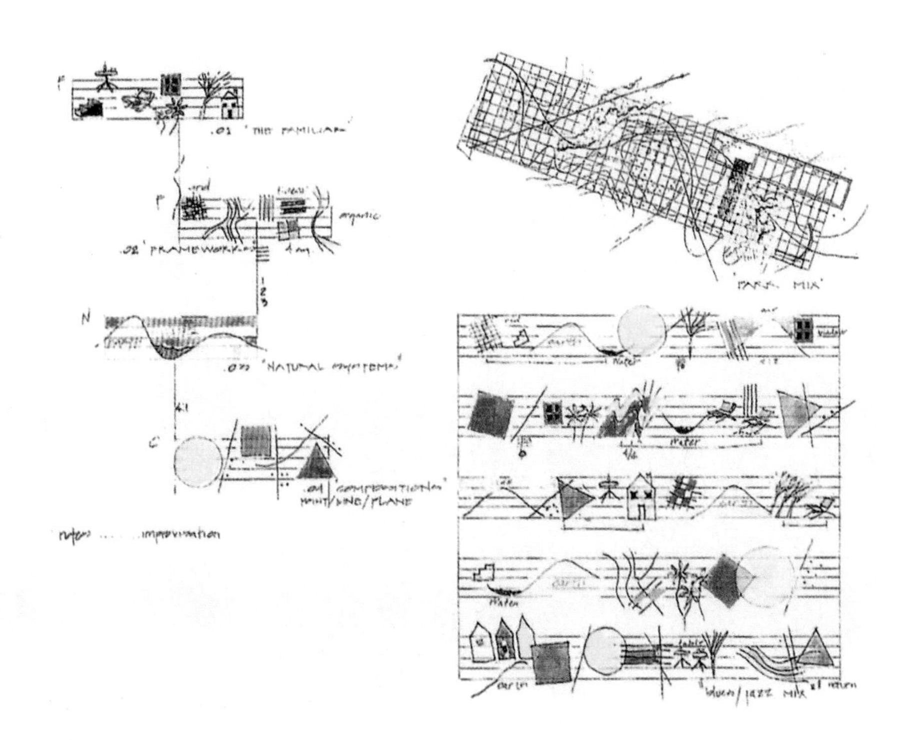

即兴设计过程

问题，他们的实践活动和事件发生时并没有附加判断条件。凯文·林奇在 1965 年写道："我们的设计应该具有多样性，尝试新类型，开放休闲选择，让机会适合真正的多样性。"[12] 西奥克兰的小型公园正在等待这些机会。这些日记阐明了一些必须被提上日程的难题，无论是在西奥克兰还是在任何其他城市，开放空间都是为了应对多样性，并在它们所服务的居民生活中发挥积极作用。通过我的研究，我并没有声称已经解决了我提出的问题，而是让问题呈现出来。比如，我在对西奥克兰的观察中提出了一系列问题，这些问题是任何接触城市开放公共空间的设计师都必须遵循的：

1. 在这个标准化时代，我们怎样才能反映和服务于景观的多样性？

2. 开放空间有助于挽救面临经济、社会和自然衰退的社区吗？

3. 非判断性设计是否可行？

4. 通过了解不同的文化模式和做法，在景观设计中会出现新的意义吗？

5. 物质空间设计解决方案能否随着周围环境的转变而不断重塑自己？

日记继续。

注释

1 盖伦·克兰兹（Galen Cranz），《公园设计的政治性》（*The Politics of Park Design*，MIT 出版社，马萨诸塞州剑桥，1986），第 147 页。

2 伦道夫·赫斯特，《邻里空间规划》（*Planning Neighborhood Space*，Van Nostrand Reinhold 出版社，纽约，1984），第 117 页。

3 布鲁斯·斯托克斯，《自我帮助：全球问题的局部解决方案》（*Helping Ourselves: Local Solutions to Global Problems*，W. W. Norton 出版社，纽约，1981）第 48 页。

4 马克·里奥斯，"重新定义游戏的概念"（*Redefining the Idea of Play*），载于《景观建筑》（*Landscape Architecture*），1994 年 2 月，第 72 页。

5 简·雅各布斯，《美国大城市的死与生》（兰登书屋出版社，纽约，1961），第 84—86 页。

6 拉尔斯·勒普（Lars Lerup）提出的"环境财富"表明，"为了了解一个物体，我们必须拥抱、研究它的方方面面。一旦它的某些或所有方面被揭示、提示或发现，物体就要揭示它的机会。"因此，蓝色墙壁就成了一个容器，向人们展示它的开放性即兴创作。《未建空间的构建》（*Building the Unfinished*，Sage 出版社，比弗利山，1997），第 129 页。

7 唐纳德提出，理想街道的七个特征是：安全的避难所；宜居、健康的环境；社区；邻里领地；游戏和学习场所；绿色宜人的土地；独特的历史地区。唐纳德·阿普尔亚德，《宜居街道》（*Livable Streets*，加利福尼亚大学出版社，伯克利和洛杉矶，1981），第 243 页。

8 保罗·格罗斯（Paul Groth），“乡土公园”（*Vernacular Parks*），载于《变性的幻景：20 世纪的景观和文化》（*Denatured Visions: Landscape and Culture in the Twentieth Century*，现代艺术博物馆，纽约，1991）。

9 洛娜·普莱斯（Lorna Price），《圣加尔计划简介》（*The Plan of Saint Gall in Brief*，加利福尼亚大学出版社，伯克利和洛杉矶，1983)，第 28–30 页。

10 威廉·怀特，《小城市空间的社会生活》（*The Social Life of Small Urban Spaces*，Doubleday 出版社，纽约，1980），第 57 页。

11 凯文·林奇将“可成像性”（imageability）定义为“一个物理物体的质量，使其在任何给定的观察者中都有很高的可能性唤起强烈的图像，正是这种形状、颜色或排列有助于对环境做出生动的、强有力的、非常有用的心理图像。”凯文·林奇，《城市意向》（MIT 出版社，马萨诸塞州剑桥，1960），第 9 页。

12 凯文·林奇，《城市意向》（MIT 出版社，马萨诸塞州剑桥，1960），第 197 页。

第三部分

日常都市主义

凯瑟琳·奥佩“迷你商场”系列中的一张照片

定义迷你城市、
建筑的便利性和当代洛杉矶的城市设计

约翰 · 卡利斯基

在 20 世纪 90 年代后期，洛杉矶艺术家凯瑟琳 · 奥佩（Catherine Opie）将她的拍摄兴趣聚焦到城市的商业景观上，拍摄了大量洛杉矶人每天都使用，但通常被忽视的一般性便利设施。在她的照片中，凯瑟琳 · 奥佩要求观众放弃海滩、棕榈树和好莱坞等被用滥的场景，直面城市中第一眼看上去觉得丑陋的景观，仔细观察并发现其充满了崇高的美。凯瑟琳 · 奥佩在她的“迷你商场”系列中，鼓励每个观众成为洛杉矶城市生活中更真实的观察者。这些照片中显现出无限丰富的日常韵律。人们可以在迷你商场的谦卑中感受到这个城市的复杂灵魂。

今天洛杉矶以其创新性建筑而闻名，如弗兰克 · 盖里（Frank Gehry）和托姆 · 梅恩（Thom Mayne）的作品正在逐步改变建筑的外观和定义。他们的工作核心主要是通过密切观察洛杉矶的形式和在地经验，从而试图寻找打破旧习固有的形式。然而，尽管这些建筑师正在通过洛杉矶的地域性改造建筑，但事实上他们对城市日常形式及生活方式的影响是微不足道的。奥佩拍摄的照片显示，对于现代洛杉矶的建设来说，更加明显和至关重要的是其流行景观不断的、有意识的渐进改革。因此，如果不具有这个地方独有的特别意义，在类型学上来看通常就不被认为是有趣的、形成性的或创新的。

西好莱坞的中型商场

城市观察者漫长而丰富的记录已经指出，城市的大部分建成区都可以通过少量不断重复的建筑模式来描绘。像许多其他城市一样，洛杉矶有一个传统的市中心，周边是街区建筑和摩天大楼。它包含了大量的郊区规划类型，连接着大量的高速公路，这些公路定义了洛杉矶城市空间的基本骨架。然而，在各个中心和高速公路之外，城市其他地区最具特色的形式就是林荫大道及永无止境的商业。在 2008 年，虽然这些宽阔且容易拥堵的街道上存在着多种伟大的建筑形式，但有一种形式相比其他似乎更能标示这些林荫大道的商业活力，即迷你商场（mini-mall）。

迷你商场是便利设施，它们是高效的建筑机器，旨在让人们便利停车、快速消费一杯咖啡或一个甜甜圈，或者提供快速干洗服务。洛杉矶有大量这样的空间，因为他们的租赁成本相对较低，由此成为小型家庭作坊和少数族裔商人的首选。与那些需要消费者一次耗上几个小时的注意力和消费力的购物中心（shopping mall）相比，迷你商场更倾向于把握日常商务和文化的即时性和短暂性节奏。然而有趣的是，设施的便利性与消费者消费欲望之间的高度融合，引起了开发商和建筑师的关注，他们正在逐渐发展演绎这种建筑类型，以调解主题公园、生活时尚购物中心和市中心的受约束的体验，将每一种体验带入日常生活中不那么受限制的环境中。结果就是在个别建筑项目中出现了一种新兴的微观城市或迷你城市。

迷你商场和建筑便利性文化，是一种可以追溯到历史和全球的现象。但是，洛杉矶似乎比任何其他城市更经常出现因大量迷你商场聚集而形成的连续城市景观。在洛杉矶的迷你商场中可以找到全世界的印迹，同时迷你商场也存在于洛杉矶一些线性迷你城市中，兼具地域性和都市性。

任何关于迷你城市现象的描述都以其组成部分——迷你商场开始。迷你商场，可谓是洛杉矶街头的代表，是一种高度演进和变化的类型，其中不乏大大小小的例子。迷你商场越来越多地被描述为混合建筑，结合了便利的购物方式与城市生活的体验和惊喜。混合型迷你商场试图为消费者提供一个类似公共空间的城市环境。然而，选择迷你商场的目的本身是一种消费或活动，一种独立于其他所有行动的快速而单一的行动。因此，迷你商场的主要特点在于车辆进出停车位相对容易。迷你商场的分类可以从一般功能性迷你建筑出发（一个提供日常需要的单一便利店）到一个致力于地方创造的场所（即拥有建立城市魅力、文化复杂性和新兴建筑的野心），其中车辆进出的速度和简便性至关重要。

我对迷你商场研究的起点，是对洛杉矶周边长时间演变的观察。像洛杉矶大部分地方一样，我住的地方的特点是大片的住宅用地与商业林荫大道网络交织在一起。从传统意义上的街道生活来看，这个片区的城市化被汽车文化延伸得很长，在这条沿街地带，通常距离人行道向后不超过50米，都是我维持日常城市生活的基本目的地，包括商业便利带、杂货店、学校、教堂、博物馆和工作场所。细长的带状街道上有我去的干洗店、常光顾的星巴克、时而使用的公共汽车、被遗忘的7-11便利店（当地无家可归者的聚集地)、我女儿的学校、我的办公室、我希望学习跆拳道的工作室，等等。我在洛杉矶所需要的一切都可以沿着这条街找到。人们甚至开始向往住在俯瞰林荫大道的公寓里。我可以步行或骑自行车在我家附近享受这个细长的带状街道的便利，虽然更多时候我驾驶汽车往返。作为洛杉矶人，我喜欢这种紧密联系高强度的感觉，以及低层住宅街道的安静。从我居住的周围，基于我的日常体验，我首先注意到了迷你商场在现在和未来形成城市化地带的潜力。

洛杉矶的商业带类型长期以来一直是被研究的课题，理查德·朗斯特雷思(Richard Longstreth)在其《洛杉矶的免下车设施、超级市场和商业空间转型研究，1914–1941 年》(*The Drive-in, the Supermarket, and the Transformation of Commercial Space in Los Angeles, 1914–1941*)中记载了汽车的影响力和便捷性对这个大都市的塑造。理查德·朗斯特雷思追溯了汽车导向的商业角落的起源，本质上是一种迷你商场，从福特 T 型车的诞生至第二次世界大战打响。他的书表明，洛杉矶的迷你城市化趋势是由力量和文化自负所形成的，这种力量和自负可以追溯到 100 年前。

第二次世界大战以来，商业走廊发生了巨大的类型发展，以应对日益密集和复杂的洛杉矶。迷你商场从其诞生开始就在变化，而今天的迷你商场则显示出丰富的类型变化。虽然所有的迷你商场都有着自始未变的便利特征，但是当不同类型的迷你商场聚集的时候就会形成新的城市化。这种城市化掩盖了传统的城市设计原则，并为洛杉矶的城市设计和城市化进程提出了新的可能性。迄今为止，对洛杉矶迷你商场的观察表明，不同的类型相结合，有可能创造出丰富的林荫大道和城市体验。

微型商场

微型商场(micro-mall)是迷你商场建筑的最小值，放置在最小的地块内，面积不超过 138 平方米。微型商场通常主要分布在林荫大道的交汇处，它以最小的建筑面积创造出了最多的收入。许多微型商场所在地以前是加油站。但是随着洛杉矶的发展，这些地点在使用功能方面(而非密度)也在增加，现在还

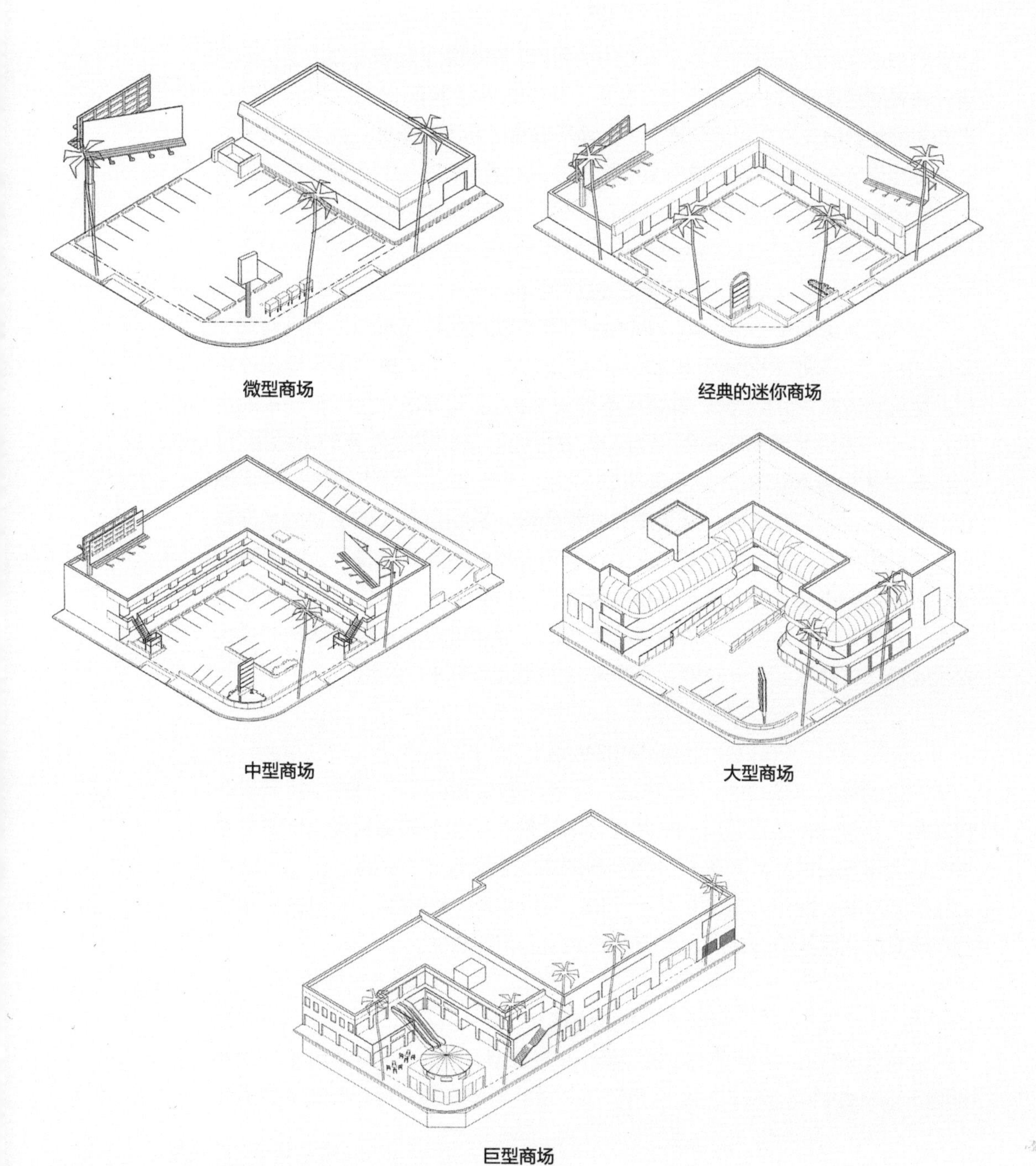

微型商场

经典的迷你商场

中型商场

大型商场

巨型商场

包含附加迷你便利店的加油站、独立的便利店、带有免下车便利处方窗口的药店、快餐店等各种便利用途。在洛杉矶，微型商场经常有一块巨大的广告牌。在交通繁忙的地方，广告牌可能会为土地所有者带来不亚于此处商业经营的收益。微型商场是洛杉矶迷你城市最不起眼的，也经常被斥为“废品”的建筑文化，它们是各自社区无休止日常的锚点，在全天任何时间都可以光顾。

经典的迷你商场

经典的迷你商场（classic mini-mall）与微型商场非常相似，但具有几个鲜明的特点。占地面积通常为 138–2070 平方米，首层为多个租户提供停车位。建筑物通常呈“L”形，其容积率约为 0.3。微型商场对免下车模式的全国连锁店和特许经营商很有吸引力，因为它们能支付得起较高的街角租金，而经典的迷你商场的租户通常是家庭作坊，因为这种类型的好处是租金便宜。事实上，迷你商场的发展是主要的孵化器，特别是有一定历史的迷你商场，它们提供基本的邻里服务和商业，包括当地的中餐外卖餐厅、越南甜甜圈店、基督教书店，还有兼卖手机的修鞋店。任何商业，无论多么边缘都可以在洛杉矶某个地方的迷你商场找到落脚点。像微型商场一样，迷你商场也提供收费广告牌平台，一处地点通常可以支持至少两块广告牌。

中型商场

中型商场（midi-malls）通常建在与迷你商场相同的空间内，但一般有两层楼，二楼通常用于较低端的功能，以区别于一楼的较高租金，但仍希望在大道上是可见的。观察发现二层一般的用途包括卡拉 OK 俱乐部、台球室和各类游戏室、医生办公室、减肥诊所、保险机构和健身房。所有的停车场都在地面层，明显的标牌和广告牌也有助于经济的成功。

大型商场

像微型商场、经典的迷你商场和中型商场一样，大型商场（macro-malls）的基本特征就是为当地客户提供必要的邻里服务。但与其他类型不同的是，大型商场采用某种形式的立体停车场，地上的或是地下的，但也强调停车的便利性，如总是提供一些从街上可见的地面停车位，甚至是在建筑物前方的突出位置，即使只是象征性地强调了该地点的交通便利性。如果大型商场中取消地面停车场，人们可以看到一些面向行人的功能，例如户外用餐的专用空间。大型商场如果采用立体停车场的话，可以占用与迷你商场相同的空间。因采用立体停车场而增加的费用会被更大的建筑密度和更美观的用途（诸如带餐桌服务的休闲餐厅）抵消，这表明大型商场往往建在可以赚取更高租金的高档社区。

巨型商场

巨型商场（maxi-malls）在很多方面可以看成是大型商场的放大版，面向的顾客大部分距此有 20 分钟到 1 小时的车行距离，其零售方式、立体停车场和规模常常挑战一个真正的购物中心（shopping mall）的规模和范围。但无论多大，巨型商场仍然以方便停车为原则，服务于以购物为单一目的的消费者。零售业的巨无霸——塔吉特（Target）、百思买（Best Buy）和家得宝（Home Depot）——不断调整其布局以迎合各个社区的需求和往返交通的短距离便利，因此这些零售商在社区环境中都需要采用巨大体量的多层建筑。

小型和大型零售商的共存，结果往往是较小的零售商独立于超大零售商而存在。因为规模庞大的巨无霸超市很容易被邻里环境和政治所排斥，而小型零售商和其非正式聚集场所的存在可以减轻这种无法接受的规模尺度。巨型商场允许购物者在塔吉特购买 24 份双层 Charmin 牌卫生纸后，在此处的

西好莱坞门户项目的巨型商城

咖啡馆喝一杯特浓拿铁或在茶楼喝一杯茶，然后仍然有时间回家看电视剧《欲望都市》的重播，或哄孩子们睡觉。这类日常经验，最大限度地提供了都市化的便利，正是西好莱坞在西好莱坞门户项目（West Hollywood Gateway Project）中实现的。

迷你商场、微型商场、中型商场、大型商场、巨型商场，对这五种类型的商场进行观察和研究后可以看出，城市主义的脉动和强度正在塑造着城市便利性的结构。人们希望商品和服务能在他们往返工作地点和家的短途出行中解决，同时需要方便简单的停车方式，并且不希望占据他们超过一个小时的生活时间。此外，他们也想在日复一日的生活中稍作透气，就像漫游者一样在城市里游走。最近，商业区域进一步城市化的趋势已经被带到了新的极端，但仍然保持了便利性的框架。实质上，巨型商场正逐渐崛起，超越日常需求而具有了国际化趋势，容纳了奢侈品商店、国内和国际特许经营商店，甚至是子区域景点，比如包含大型宴会厅的酒店，同时也满足方便快速进出停车场的要求。

迷你城市——圣盖博

洛杉矶东部的圣盖博（San Gabriel）河谷沿线，是以方便行人和汽车为导向的巨型购物中心，它同时也体现出迷你城市的加速发展趋势。最近在《洛杉矶时报》上报道的圣盖博酒店广场（San Gabriel Hotel Plaza）就是众多企业集群中的一个例子，直到现在，这些企业集群只在市中心或真正的购物中心内出现。在这种情况下，拥抱东方和西方商业模式的亚裔美国企业家推动了大型购物中心的进一步转型。

圣盖博酒店广场包括一家希尔顿酒店、一个中式宴会厅和多家奢侈品商店，以及通常的社区服务用途。令人印象最深刻的是这个地方的规模，行人和汽车的混合也很自然，并且可以将汽车专用停车场转变为准广场。尽管在圣盖博酒店广场的设计中并没有以任何方式强调汽车进出便利性的重要性，但真正提供便利的是代客泊车服务。

像所有的迷你商场一样，圣盖博酒店广场改变了对于城市场所的规划及其意义的思考。在迷你城市，城市化在时空上并不总是连续的，而是被住宅区甚至是郊区间隔分隔的。另外，在迷你城市中，并不是所有的类型学都是历史性的，并且先例的经验不能总是束缚城市的设计。随着洛杉矶人在日常生活中越来越多地接受迷你商场城市化，他们进一步推动了城市的快速发展。上述各种迷你商场类型在官方城市设计历史和理论中几乎很少被承认，虽然该形式的确提供了重要的日常需求。审美学无疑将会得到改善。与此同时，迷你商场继续向充满活力的迷你城市方向发展，预示着洛杉矶式的城市主义有趣的未来。城市规划师和城市建筑师应该注意日常生活中的这种现象，改进方案，培育和改善洛杉矶等其他地方的迷你城市的内在生命力。

作者要感谢马丁·莱特纳（Martin Leitner）在这篇文章的写作过程中所做的外勤工作、绘画、拍照以及宝贵的见解和帮助。他是包豪斯大学（Bauhaus-University Weimar）欧洲城市研究项目（European Urban Studies Program）城市工作室 2005 年夏季项目的实习生。

圣盖博广场酒店，一座典型的迷你城市

洛杉矶拉丁裔聚集区的彩绘招牌

詹姆斯·罗哈斯，约翰·雷顿·蔡斯

东洛杉矶及其他拉丁裔工人阶级生活的郊区到处都有醒目的大型招牌，有些甚至直接绘于墙面。这一做法无法在大部分地区获准规划审批，也拿不到许可证。不仅如此，这些招牌大多违反了环境平面设计原理，而受委托打造招牌的小店主根本不在意店面与招牌风格是否和谐。

正宗的乡土风格就是多个招牌不相协调、互相竞争。然而，它们为什么依然值得关注？拉丁裔社区招牌之所以重要，在于其自发性、工艺性和即时性。它们会随着商铺和所在社区的风格品位转变与兴衰变迁而变化，是当地商业沟通的典范，清晰的文字和极具代表性的图片，让顾客对店铺提供的产品服务一目了然。这些招牌色彩鲜艳，主题鲜明，反映了拉丁社群的文化偏好，蕴含着他们共有的象征精神。浏览招牌是感受洛杉矶拉丁裔街头生活的一种方式，这也是一种民间艺术。

洛杉矶中心城区居住着大量低收入的拉丁裔人口，移民比例很高。洛杉矶县是美国最大的拉丁裔聚居地，拉丁裔人口达460万，且还在不断增加。东洛杉矶，即洛杉矶河以东地区，一直是大洛杉矶地区拉丁裔生活和拉美文化的中心地带，虽不像更富有的洛杉矶郊区一样聚集着大量连锁商店，但保留着大量的夫妻店和特色商店来满足当地消费需求。

许多店主也和顾客一样是从美国底层起步的移民。他们宁愿花钱请油漆工绘制一个与众不同的招牌，也不愿购买泡沫字母或用喷罐绘制店铺招牌，然而，彩绘招牌并非拉丁裔工人社区的唯一选择。拉丁裔人口占96%的亨

DE FRUTA
SNOW CONES
BANANNA SPLITS!

ATM
Necesita
CASH
Estamos al lado de la Carniceria

HORARIO
LUNES A SABADO
7 A.M. – 5 P.M.
DOMINGO CERRADO
WARNING
NO TRESPASSING
GUARD DOG ON DUTY
ENTRANCE
ENTRADA

WELCOME!

廷顿公园（Huntington Park）和太平洋大道（Pacific Avenue）上都是传统招牌，而非彩绘招牌。亨廷顿公园是一个成熟街区，人流量高，利润也更可观，因此有更多资金来制造传统招牌。

彩绘招牌是重要的城市景观。在洛杉矶的拉丁裔居住区，空白墙壁亦非无声的表面，而是与壁画、手绘标志、涂鸦和标签共同构成了城市景观的一部分，既相互补充又相互竞争。有时，涂鸦和标签甚至与彩绘招牌和壁画相互叠加。

洛杉矶最著名的早期拉丁裔壁画当属墨西哥艺术家大卫·西凯罗斯（David Siqueiros）在1932年绘制的“热带美国”（Tropical America），最初绘于市中心的奥维拉街（Olvera Street）。这幅画描绘了反对阿兹特克（Aztec）和玛雅文明的美帝国主义，是当地第一幅利用壁画表达种族自豪感、纪念历史、实现社区社会与政治目标的作品。20世纪60年代，民权运动促进了洛杉矶壁画的普及。1974年朱迪·巴卡（Judy Baca）的社会和公共艺术资源中心（SPARC）成立，进一步推动了街头彩绘的发展。

在这些壁画和手绘招牌中，整体的风格是色彩浓烈、元素多样、文字设计夸张。事实上，在低收入社区，住宅区和商业街的生活都比较富裕的社区更紧张、更多元，也更丰富。比如，房主会在屋外售卖商品或食品，有街头小贩在摆摊，在一些主要地段，还有墨西哥流浪乐队在人行道上卖唱，其中最著名的是博伊尔高地（Beyle Heights）的墨西哥流浪乐队广场（Mariachi Plaza）。相比其他地区，这里的居民更常乘坐公交车出行，从而给公交车站附近以及社区商铺带来了人流。墙上绘制着巨大的彩色字母标志，彰显了当地商家和街角商店对周边社区的重要性。

本文中，招牌的定义是吸引顾客注意、招揽生意的物品，而壁画则是独立创作的艺术作品。和壁画一样，招牌通常直接绘于墙面，灰泥的纹理或波纹金属成了图形设计的一部分。一些墙绘作品模糊了壁画与招牌之间的界限，比如绘画作品描绘的正是某墨西哥移民商人的家乡。同样，标记和涂鸦显然也激发了壁画的创作灵感，一些商店还将涂鸦风格的装饰品作为小壁画。虽然招牌似乎比空白的墙壁更少被喷上标记，但这些社区的许多彩绘招

牌上都喷涂了一层具有帮派色彩和个人风格的标志。

有些店面招牌中融入了宗教、政治或民族自豪感等主题，比如阿兹特克人的形象，或者墨西哥艺术家弗里达·卡罗（Frida Kahlo）的作品等。有时招牌中也出人意料地绘制着墨西哥与美国国旗，此外还有宗教、政治、足球或街头流浪艺人等文化符号，以及烹饪等日常生活的方方面面，无不融入商业招牌中。东洛杉矶的露皮塔花店（Lupita's Flower Shop）的招牌上印有墨西哥和美国国旗以及瓜达卢佩圣母（Our Lady of Guadalupe）的形象。

耶稣以及被广为传颂的西班牙宗教人物，如瓜达卢佩圣母都是招牌中的常见内容。宗教符号融于壁画中，消解了其中的商业色彩。瓜达卢佩圣母可能是洛杉矶拉丁裔社区的壁画和招牌中流传最广的形象，她的信徒与传说广受灵恩。圣母出生于墨西哥城，是墨西哥城、墨西哥国乃至美洲的守护神。

另一种独特的主题图案是大众消费品，如牙膏或洗衣粉，但这些招牌里的商品图案都有具体的产品名称。

查明（Charmin）卫生纸或丹妮（Downy）织物柔软剂等日用消费产品也见于招牌之中。这是商店在店外展示商品的一种方式，如此购物者便会知道要进入的这家商店有卖这些品牌的商品。虽然这些绘画作品颜色深浅不

一、细节存在差异，但大部分都采用了卡通式的流行风格；此外，由于预算不足，不同招牌在制作技术、制作周期以及后期的维护上有很大的差异。

招牌图案中也蕴含了人们熟知的传统形象，例如食品杂货店使用象征丰收的羊角，喻意店内食物丰美；有些招牌极富喜剧色彩，以此来招揽生意。比如动物（通常是猪）常有各种滑稽的姿态，在东洛杉矶的佩纳罗萨（Penaloza）市场里就有一处这样的招牌：一只微笑的猪正在用一口大锅烹煮一位倒霉的厨师。

彩绘店面的目的是通过吸引注意力来招揽顾客。这些店面的招牌往往色彩对比强烈，颜色明丽丰富，还伴有超大字体。招牌的吸睛能力对于低利润的小店来说非常重要，店家认为能否抓住过路顾客的眼球决定了生意的成败。商店和家庭作坊的招牌中运用的色调远比美国常用的标准色更为明亮。鲜艳的色调大胆运用于建筑物上，彩虹 Necco Wafer 糖果中使用的颜色很常见，黑白色也偶有使用，浅灰蓝色则可能是最流行的色彩。

不仅招牌色彩明艳，建筑本身也是如此。最引人注目的效果之一是将砖墙涂成鲜艳的颜色，然后将填缝涂成亮白，造成明显的反差。在东洛杉矶，强烈的视觉冲击图案主导并构成建筑环境的典例案例是比尔·伦敦（Bill London）开在惠蒂尔大道（Whittier Boulevard）上的著名汽车配件商店贝多拉尔（El Pedorrero）。这座建筑的外墙被涂刷上亮蓝色与黄色相间的条纹，

甚至人行道上的电线杆也与之风格统一。蓝黄条纹不再仅仅代表一家店铺，还成为一种独特的品牌，将招牌与环境融为一体。在广大公众眼中，所有的墙面都成了招牌的一部分，成了“欢迎光临”的隐喻。

彩绘招牌、产品销售横幅，还有其他带有商店名称的标志和谐共存。五花八门的招牌，色彩鲜艳、图案丰富的建筑墙面，流动小贩沿街叫卖，色彩、图案和欢乐的杂音交织在一起。罗伯特·文丘里（Robert Venturi）、丹尼·斯科特·布朗（Denise Scott-Brown）和史蒂文·伊泽诺（Steven Izenour）在《向拉斯韦加斯学习》（*Learning from Las Vegas*）一书中说道：洛杉矶拉丁裔社区的彩绘招牌不仅是建筑的附属品，而是建筑中的重要元素，创造而非装饰着城市景观。招牌粉刷后如果未注意后续维护，很容易褪色，有时人们会重新粉刷，有时不会，从而构成了不断变化的城市景观。在洛杉矶拉丁裔聚集区，粉刷的商店招牌、壁画和涂鸦就是这样的城市风景，深刻反映了当地的文化与商业氛围。

本文首次发表于 segdDESIGN，2006 年第 11 期，并得到授权使用。

FRUTAS
Y
VERDURAS
BUD LIGHT
ATM

1a NECESIDAD
MATA
PIOJOS
PEDICULICIDE
SHAMPOO
HEAD
BODY
VITACILINA
Colgate
Pet
Shop
323-231-2982

Palmolive
Charmin
Downy
JOY MAR
ATM
INSIDE

GRAB
Doritos
GUACAMOLE
Doritos
NACHOS

CARNICERIA
CORTESAL GUSTO

4101
4101

Katherine's
Atendido por
su propietaria
Lolita
LINGERIE
Remodele su Figura
Ropa Interior Para Dama
TALLAS
HASTA
48DD
B-21

COLUMBIA

停车位公园

约翰·雷顿·蔡斯

《日常都市主义》第一版发行后，借用停车位打造临时公园的现象兴起，甚至有人提议将停车位打造成永久的微型公园，这极大提升了小微空间的重要性。

自 2005 年开始，旧金山的“钢筋”（Rebar）组织发起了一系列“停车日”活动。两年后，华盛顿特区、西雅图、波特兰、芝加哥、圣保罗、波士顿、奥斯汀、盐湖城、坦帕（Tampa）、迈阿密、伦敦、柏林、乌得勒支、巴塞罗那、瓦伦西亚、慕尼黑、里约热内卢、多伦多、墨尔本、布里斯班和维尔纽斯（Vilnius）[1] 等地纷纷在停车位建起了临时公园，人称“停车位公园”（PARKs）。

修建一个这样的公园，志愿者须缴纳泊车费或者以其他方式占用停车位。每个公园都有特定的主题，并能在一天之内建好、开放、拆除。人们以这种未经批准的方式占用不容侵犯的公共停车位，表达了他们对于汽车主宰城市公共空间的质疑。这种侵占短暂地创造了一个温馨美好的亲密空间，人们在平时禁止步入的地方得到了片刻休闲。

停车位通常被认为是用于临时停车的公用设施，但实用的停车空间却占用了宝贵的城市地产。“停车日”活动为每位市民提供了一种新机会，市民们只需往停车计费器里投 25 美分就可以短暂地享受城市空间所有权，而不用花至少 25 万美元去投资房产，才能改善居住环境。

《洛杉矶时报》报道 2007 年 9 月 21 日的“停车日”活动时，试图凸显急着找停车位的车主与占领停车位的“停车日”倡导者们之间的矛盾。[2] 然而，记者赫克托·贝赛拉（Hector Becerra）没有意识到，“停车日”行动有力地反思了美国汽车和停车位占用的大量补贴与空间。在美国，每辆汽车除了家里的车位外，还平均配置了三个车位，让出少量停车位似乎合情合理（无论从该地区或者整个城市的停车位数量及比例来看，“停车日”占用的车位几乎可以忽略不计）。如此一来，驾驶者的损失不大，但对于在人流量密集区下车步行的人们而言，停车位公园则益处颇多。在我看来，一切能为居民和行人提升设施价值、让城市生活更美好的事物都值得研究。[3]

美国著名的停车管理专家、加利福尼亚大学洛杉矶分校（UCLA）城市规划专业教授唐纳德·舒普（Donald Shoup）指出，如果世界各国人口都拥有与美国人同样的人均汽车保有量，那么地球上将有大约 47 亿辆汽车。[4] 美国人拥有汽车的权利不可剥夺，而其他国家的公民却没有这种权利，这种说法本就不合逻辑。随着越来越多的国家成为经济强国，各国的人均汽车保有量必将增加，不断接近目前美国的人均比例。

在美国，每辆汽车平均配有四个停车位，一个在家，三个在其他地方。一栋建筑里的每个停车位，建造成本可达 4 万美元。然而，停车成本会分摊到所有市民身上，无论他们是否开车出行。每个城市停车位都意味着大量经济、社会和城市设计成本，而且与该空间的其他潜在有益用途形成竞争。“停车日”传递给我们的信息是，即使是一块类似废弃沥青补丁的地方，即使面积仅有区区 20 英尺 ×9 英尺，也大有潜力可为。未经批准的“停车日”活动清晰直观地展现了这种潜在价值，这是日常都市主义者为解决一个重要

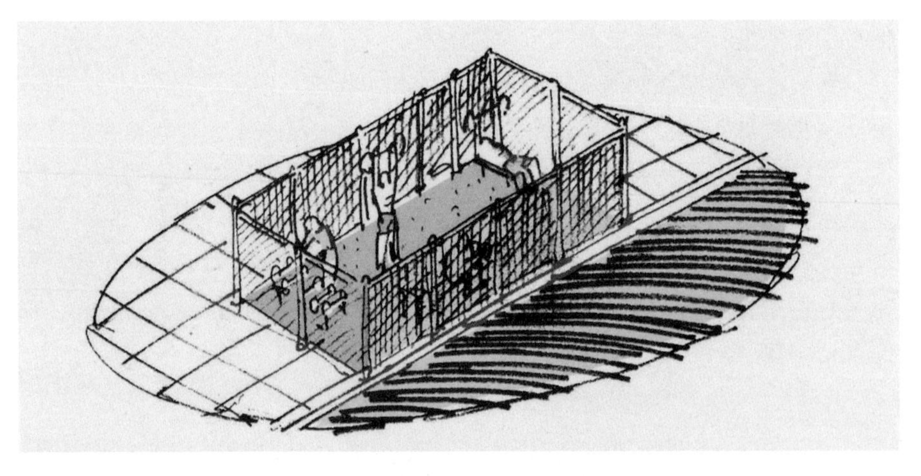

总部位于旧金山的“公共建筑”（Public Architecture）组织提出了一系列改造计划，例如将人行道旁原本是停车位的地方扩充成健身场所（上图）和咖啡吧（对面页）。

的日常都市矛盾所提出的应对办法。

2003 年 7 月，“道路女巫”泰德·德万（Ted Dewan）在英国牛津萨默敦（Summertown）比奇克罗夫特路（Beech Croft Road）上打造了一间移动式客厅（内置家具、地毯、电视机和休闲区）[5]，这便是“停车日”的前身。德万一反传统，提倡“交通稳静化”，她的办法之一就是打造这种移动式客厅。她认为：“道路天然地与高速和行人的焦虑联系在一起，我们一反常态在其间开辟出一个放松的空间，刺激人们产生复杂的感受，使他们越发振奋、深度放松。”后来，当地管理委员会拆除了这间客厅，但决定将地毯原封不动地保留下来，作为最有效、影响最小的交通稳静化装置。

2004 年 10 月，艺术家迈克尔·拉科维茨（Michael Rakowitz）在维也纳发起了艺术项目“地块”[P（LOT）]，开创了将公共道路挪作他用的先例。拉科维茨提议租赁小块土地另作他用，市民可以向市政申请租赁许可，还可以通过缴纳停车费用的形式临时租用停车位露营或者开展其他活动。他的第一次尝试是将普通车顶改装成移动式帐篷，并在路德维希基金会现代艺术博物馆（MUMOK）提供租赁服务。博物馆参观者以及对该倡议感兴趣的市民，可以从普通轿车、豪华保时捷、摩托车等五种车型帐篷中任选其一参与体验，共同呼吁大众重视边缘化的需求空间。[6]

1997 年，拉科维茨提议临时改造马萨诸塞州剑桥市的城市公共空间，为无产者和无家可归者创造更友好的城市氛围。他提出了寄生虫项目（ParaSITE），在人行道旁的暖气口连接充气式塑料帐篷等设备，打造人行道上的临时住所。[7]

旧金山一家名为“公共”（Public）的组织将用好停车位的想法进一步推进，提议在公园覆盖率较低的地区建立永久性微型公园，比如旧金山市中心以南的市场街南区（the South of Market）。这个高密度社区地价昂贵，打造新公园的费用令人望而却步，因此将停车位改造成小公园是合理的选择。在那里，每平方英尺的公共通行权都非常宝贵，但将路边的小空间用于停车以外的便利设施也很有意义。

与许多美国城市一样，洛杉矶的路旁停车位也提供了类似的可能性。市政停车场通常分布在城市各处，有些停车场没有景观区或绿化带，只有一大片沥青，因此不妨将第一排停车位和停车场与街道之间的缓冲区改造成小公园，内设儿童游乐场等必要的便民设施，或者沿着行道树再平行栽种一排树木，使公共空间更宜人宜居。

停车位是城市空间的最小单元，也是可以改造和变化的最小增量。除此之外，“停车日”项目的某些参与者还对限制汽车主导的城市颇感兴趣。即使没有这个“远大目标”，临时或永久性地改变几个停车位这一措施本身便极具价值。少量的小微空间看起来无足轻重，但随着时间的推移，小微空间的其他用途越来越多，有可能会对人们的空间观念产生深刻的影响。长久以来，在公共路权领域受到漠视的小小停车位，在日常都市主义者看来却极具创新与改造的潜力。

注释

1 详见 http://www. parkingday.org and http://www.rebar-group.org。

2 赫克托·贝赛拉，“占领你的空间行动”（*It was an in-your-space move*），载于《洛杉矶时报》，2007 年 9 月 11 日。

3 戴维·萨科（David Sucher），《城市舒适度：如何修建一个城内乡村》（修订版）（*City Comforts: How to Build an Urban Village*，City Comforts 出版公司，西雅图，2003）。书中刊登了行人便利设施目录。

4 唐纳德·舒普，《高代价免费停车》（*The High Cost of Free Parking*，Planners 出版社，美国规划协会，芝加哥，2005），第一章。

5 摘自迈克尔·德万的“道路女巫”网站，网页标题为“道路女巫试行客厅（和英国首起室内暴力事件）”（*The Road Witch Trial Living Room (and Britain's First Room Rage Incident)*，http://www.worm-works.com / road-witch /pages / living -room.htm

6 Http:// www.mich-aelrakowitz,com, 网页标题为“P（LOT）”。

7 Http://www.mich- aelrakowtz.com.

城市微型公园方案

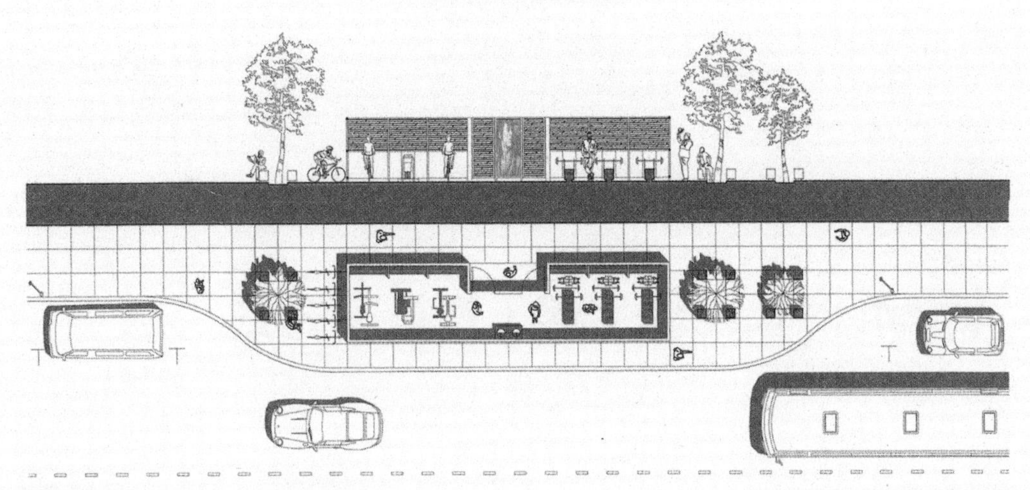

健身公园

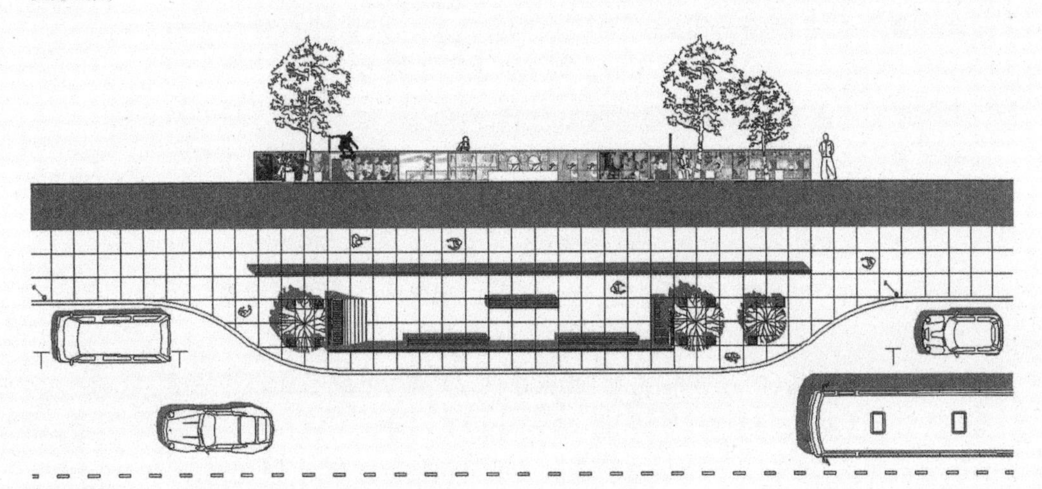

滑板公园

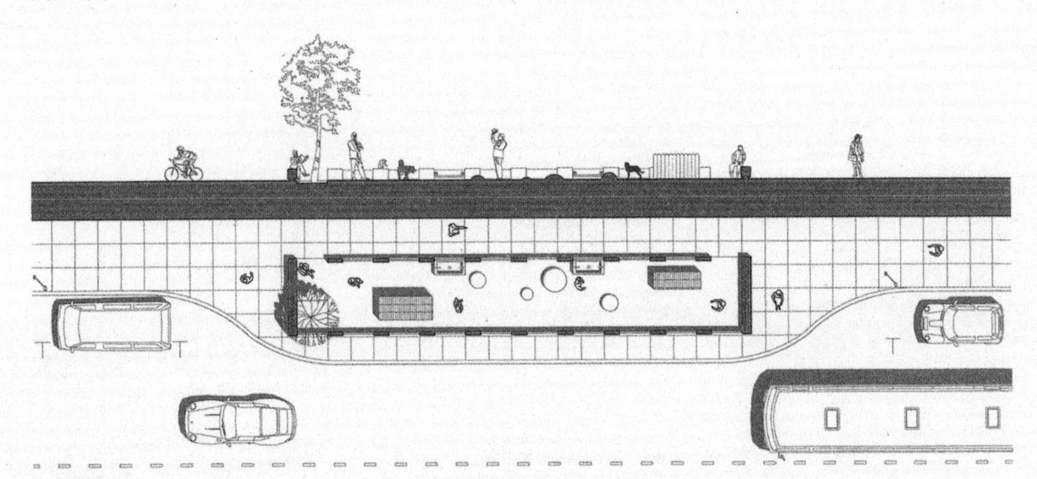

犬吠公园

WiMBY！一种生活（设计）方式

米歇尔·普罗沃斯特

当我们被要求在鹿特丹附近的第二次世界大战后卫星城霍赫弗利特（Hoogvliet）增加一些实验性建筑和城市项目时，这或多或少挑战了荷兰深红建筑史学家工作室（Crimson Architectural Historians）筹划这个项目的初衷，就像被要求修理一辆在高速公路上高速行驶的汽车一样不可能。正好在我们接到这个项目之前，一个更大规模的，且是自上而下的拆迁和住宅高档化项目被批准为主导这个城镇改造工作的社会住房项目。委托我们的市议员希望寻找一种方法来拯救霍赫弗利特这样一块普通的郊区地，他希望我们用建筑和都市感来使这个地方感到自豪、自信、时尚、真实。

我们把这个项目命名为 WiMBY!（“Welcome into My Backyard!”的缩写，意为“欢迎来到我的后院！”）。自 1999 年以来，我们一直在参与霍赫弗利特城镇的复兴，有时与负责其高档化的大型公司结盟，有时我们会直接反对参与。这个项目的成果是举办了一个展览、发布了一本书，建成了几栋建筑和一个公园，并于 2007 年结束。

霍赫弗利特是一个普通的城市地区，它展现了第二次世界大战后现代化城市的所有特点。它是在 20 世纪五六十年代的时候为附近的壳牌石油公司炼油厂的工人建造的，当时被认为是最现代化、舒适和社会化的居住方式。在绿色环境中拥有独立的工业化住房，各种各样的人们可以和谐地生活在一起。这个理想只持续了几十年，到 20 世纪末，由于移民和失业问题，小公寓失去了吸引力，产生了一系列社会问题，使得霍赫弗利特成为鹿特丹地区最不理想的居住地。20 世纪 90 年代，霍赫弗利特决定启动复兴计划并试图结束继续衰败的轨迹，由当地住房合作组织牵头启动了霍赫弗利特大规模城市更新行动，他们的目标是用普遍成功的低密度排屋模式完全取代原有的住房库存，拆除 20 世纪 60 年代的公寓楼，并在此过程中驱逐那里的穷人以及移民。

我们从 1999 年开始加入项目组，基于 WiMBY! 项目的出发点，我们决定将目标调整为提高霍赫弗利特长期的城市品质，而不是专注于它的房地产市场。通过分析霍赫弗利特所有社会、经济、物质空间、设计技术等方面的现状后，我们开发了一些项目，为的是把这种昏昏欲睡、毫无吸引力的郊区变成更热闹、更城市化的鹿特丹区域的一部分。

与重建项目相比，我们决定基于城市现有的物质特征和社会特征去建设，而不是消除它们。在大规模拆迁和重建项目中，我们认识到，在 20 世

20 世纪 60 年代的霍赫弗利特

20 世纪 60 年代的公寓楼正在被拆除

纪五六十年代，正是这种自上而下、技术统治论的态度决定了新城的建设模式。尽管我们被这种不计后果的乐观主义心态所吸引，但我们无法接受这样一种想法，即它会在 50 年后重演，抹去霍赫弗利特在那一时期获得的所有历史沉淀。

我们首先对霍赫弗利特存在的所有事物进行主观调查，我们制作了数以千计的图片、照片、电影，阅读了所有可用的政策文件，盘点了当前所有的计划、项目和举措，并采访了居民，努力了解他们的计划以及他们想要开展的活动。有了这些精力充沛的、富有创业精神的人，我们发起成立了一个地方性联盟。把参与规划和建造新霍赫弗利特的所有各方组织在一起，共同展开城市总体规划设计。我们与音乐家、“Antillian 母亲”、生态活动家合作开发了合作建房项目，也与霍赫弗利特的艺术家、设计师和居民一起开发了大型艺术品。对于我们的工作方法来说，最有说服力的项目是“校园共生”（SchoolParasites）和“霍赫弗利特魅力”（Heerlijkheid Hoogvliet）。

校园共生

在我们参观霍赫弗利特的时候，我们对黑人小学（100% 为移民）的校长们努力改善学生教育状况的印象尤为深刻。对于这些学校里的低收入移民家庭儿童来说，教育是至关重要的。在改善教育方面，需要克服许多社会、文化和预算方面的障碍，比如学校建筑物质量令人担忧的问题。那些建于 20 世纪 60 年代的建筑迫切需要改造和升级，并提供更多现代化教育空间。比如大多数学校只有教学楼，没有图书馆，也没有电脑实验室或家长会议室，以及用于家长教育或家长教师团体讨论的空间。

通过与三所不同学校的负责人交谈，大致确定了他们的空间需求，我们、学校和共生基金会（Parasite Foundation，一个设在鹿特丹的专注于创造高质量临时建筑的基金会）密切合作，开发了三个“校园共生”项目。这些是小型但具体的示范项目，期望可以成为可移动教室的令人信服的替代品。可移动教室通常安装于缺乏空间的学校内，“校园共生”项目中的建筑将是独一无二的，比设计功能单一的可移动教室更灵活。孩子应该在有吸引力的环境中度过重要的小学阶段。对于像霍赫弗利特这样陷入困境和被忽视的地区来说，这样的理想更为重要：在这样的地方，最需要的是建筑的尊严。

我们选择了三位年轻设计师与三位学校校长合作开发“校园共生”项目。这些建筑物旨在成为替代性临时建筑的一个开始，全国各地的学校可以参考和选择。它们分别用于三种不同的功能，“灯神”（De Lampion）是为了吃饭和做饭而设计的，这是一个舒适的空间，早上，孩子们可以在这里吃早餐，白天在此学习烹饪。它的名字源于它的形状及通过顶部充气垫发散出的光。它颜色鲜艳的圆形外观，为现有学校增添了节日气氛。一条长凳沿着它的周

校园共生——花

校园共生——野兽

边延伸，这使得建筑也可以作为一种街道家具。“De Bloem”（花）是为个别辅导而设计的。6 个半圆形滑动面板可以将室内空间分为多个独立的工作空间。当面板打开的时候，中心有一个花形的大空间和一个圆形的天窗。“Het Beest”（野兽）用于音乐和戏剧活动，它是由 9 个易于组装的面板组成的木结构，内部是一个有看台座位的小剧场，透过舞台对面巨大的窗户可以看到周围的景色，路人也可以看到室内发生的一切。

霍赫弗利特魅力

在逗留期间，我们完成的最大项目是一个在城市北部边缘的公共公园。该公园被称为“霍赫弗利特魅力”。该项目由湖泊、游乐场、一个植物园、一个文化中心（包含一间餐厅、一个餐饮大厅、一个舞台和两个小剧院）、几个用于娱乐和文化活动的小建筑、桥梁、体育设施、海滩、一处公用的烧烤和野餐馆组成。四周用声屏障使其远离高速公路和石油化工工厂的干扰。

这个项目和它的设计理念来自我们的初步调查，我们观察到，虽然有很多社区文化和企业活动在开展，但只有参与者才知道这些活动。这些活动开展的空间大多很简陋，或者根本没有相应空间。尽管霍赫弗利特有很多的公共空间，有很多的绿色植物，但那里没有公共中心，没有乡村广场等这些能被彼此或游客识别的空间。

公园的经费来源完全不同。第一，荷兰政府治理被污染土地的县政府津贴。拆除 20 世纪 50 年代建设的无电梯建筑，清理他们所在的被污染地面，用来建一个覆盖有生态区的巨大声屏障，从而带来了建设公园的资金。第二，霍赫弗利特北部高速公路的扩建项目有相应的公共工程资金，除了补偿因交通增量造成的生态环境破坏外，还可以部分用来建设公园。第三，城市政府奖励非常有限的鹿特丹行政区内自下而上的创业倡议。“霍赫弗利特魅力”项目在公开竞赛中获得了部分资金。

公园的设计直接遵循其文化和社会发展计划：将霍赫弗利特无数活动和企业家联合起来，在霍赫弗利特创建一个重点区域和一个清晰明确的新形象来吸引新游客和居民，以期获得政治和财政上的支持。日常生活的元素必须被转译为一种明确和流行的建筑语言，为此，时尚建筑品味建筑事务所（Fashion Architecture Taste）的伦敦办公室做了一份调查，有关霍赫弗利特居民在他们的室内设计和庭院中创建的各种视觉艺术品，并汇集组合成为万花筒式的城市和文化环境条件。工业和自然、村庄和战后城市、纪念性和国家性，通过每一个家庭对设施和环境的共同努力创造的一个自豪的、易于识别的城市公园，代表了霍赫弗利特所有多样化和高对比度的元素，打破了霍赫弗利特城市环境与其他工业和基础设施环境之间的界限。

结语

WiMBY! 项目的核心问题，是迫切需要使建筑、规划以及艺术项目的混合功能迎合当下的社会和文化现象。在 WiMBY! 的 20 余个项目中，还包括

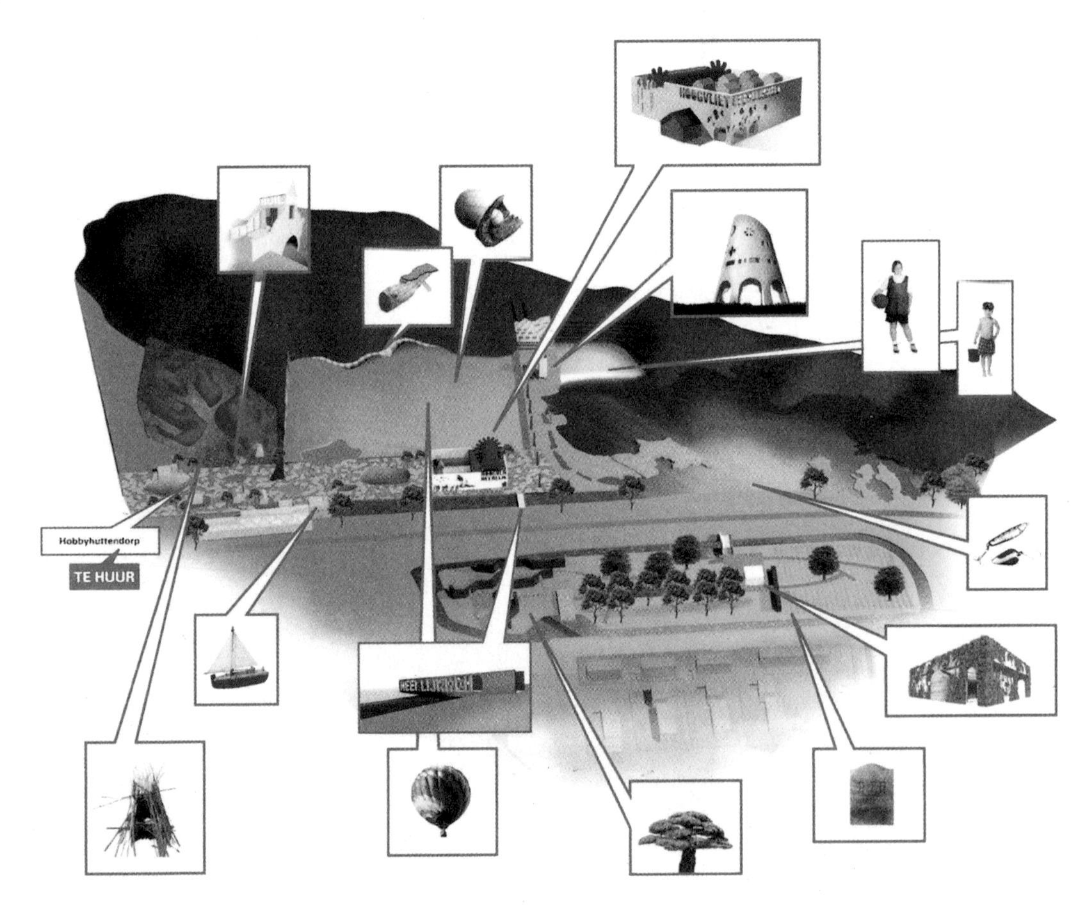

“霍赫弗利特魅力”项目总体规划

霍赫弗利特的重建项目，都试图提出一个新的令人信服的未来愿景。结合叙述性和经验性的方法，使霍赫弗利特的运营采用更为务实合作性的方法，来制定一系列非常具体的项目。每个项目都是根据在霍赫弗利特已经存在的方案、当地的意愿和要求，但又必须符合 WiMBY! 项目规范进入项目、事件和对象，而这些项目、事件和对象也会在国际上展示出一个有吸引力的明智选择，为国外其他第二次世界大战后兴起的城市提供参考。

但对 WiMBY! 项目设计方法的定义是模糊的。我们相信每个城市的项目都应该始于一项基于现状的调查、计划或禁令，一个地方的环境质量可以通过塑造不同于原来就在那里的新方案或新场景来得到提升，而不是导入预先存在的理论模型。我们有信心，在霍赫弗利特已经实现的一些项目可以运用到完全不同的背景中，并且可能以某些未知的方式完美运行。但我们很犹豫是否应将 WiMBY! 项目的工作方法进行总结，让其成为可复制，并能够解决一系列战后城镇城市问题的方法教授出去。WiMBY! 项目工作方法的核心宗旨是每个地方、每个项目、每一个问题、每个进程都应寻求具有高度自身特异性的办法。因此，WiMBY! 城市宣言将永远只能一次性使用。

如今的霍赫弗利特居民享受着音乐会

101 种城市救赎
——对于马萨诸塞州剑桥市的建议

玛格丽特·克劳福德

我在哈佛大学设计研究生院（GSD）的城市规划工作室提出的工作前提很简单："如果……，剑桥可能是一个更好的生活场所。"这个想法有两个来源，第一个是我对发展日常都市主义设计理论的兴趣，强调生活经验对于创造城市的重要性。第二个是我作为剑桥居民的经历。尽管剑桥有几个显而易见的优势：它有世界上最伟大的两所大学、大量的知识分子居民（包括建筑师）、可管控的城市规模、一个小规模细肌理的城市布局以及良好的公共交通，但我还是发现剑桥的日常生活出人意料的平庸。虽然城市规划和社区发展部门本身是很有能力的，这就意味着常规的规划技术无法很好地处理日常都市生活的体验。

"101 种城市救赎"方法在规划的另一端开始，需要与居民的个人经验相结合。学生将研究多种不同剑桥生活的问题和可能性，以作为制作各种类型城市变化的基础。"101"这个数字表明了这些经验的多重性和多样性，并以列表的形式组织起来，但没有强加通常的阶级、种族，以及规划实践的类别。"救赎"一词表明我希望这些建议应该拥有救助、补偿等性质。

为了将这些概念传达给学生，我在哈佛大学设计研究生院的工作室制作了著名的 R. E. M. 乐队的 Stand 音乐视频的改编版本。利亚·墨菲（Leah Murphy）是一名规划专业的学生，他加入工作室并编辑了这个视频：将原有的舞者与剑桥各种各样的地方和人的镜头并置，最后以哈佛大学设计研究生院的室外场景结尾，这个视频和歌词清楚地总结了我们工作室的态度：

站在你住的地方
想想你住的地方
想知道为什么你以前没有这样做
现在站在你工作的地方
你的脚站在地上
你的思绪带着你四处游走。

“101 种城市救赎”的标题（取自迪士尼电影《101 斑点狗》）和视频演示了工作室的主要方法：挪用（détournement）。这种拼贴技术指的是从一个内容中移除预先存在的元素并将它们插入另一个内容中。这产生了完全不同的意义，并且有助于快速执行，这对于学生创造如此多的项目很重要。运用 Photoshop 软件，学生可以将他们的设计构思插入现有地方的照片中，将它们转化为令人信服的未来愿景。

尽管各大工作室竞争激烈，其中许多都是由著名建筑师授课，并提供到世界各地的旅行，但还是有 11 名来自城市规划、景观建筑和建筑工程的学生签约重新想象剑桥的生活这个项目。我们这个项目的目标有些矛盾，即在保持合理的城市经验现实的同时，提出创新且富有远见的建议。

我们开始与剑桥的居民、工作人员密切合作。学生们探索城市，采访尽可能多的不同类型的人——城市官员、当选官员、大学教师、学龄儿童、家长、出租车司机、咖啡师、社区倡导者、当地企业家、牧师、学校官员、流浪者、房地产代理、青少年和大学生。我们与他们的对话很有启发性，偶尔也鼓舞人心，许多人关心住房支付能力，MIT 的学生抱怨缺乏夜生活，五年级学生渴望城市中有更多美丽和生活性的事物。最后，这些意见只提供了原材料，需要进行有意义的解释才能提炼出概念，并转化为合理的建议。由于所有学生都是剑桥的居民，每个人都在其中并融入他们个人的城市体验和专业思考，这使得我们的课堂讨论异常丰富，揭示了极具复杂性和意想不到的差异性城市肌理。在学生提出建议时，我们也进行了广泛的研究，以找出现有的项目或处理类似情况的建议。这些先例为项目提供了另一种合理性的保证。

最终，学生们提出了 107 项改善剑桥生活的建议，超过最初 101 个的目标。如预期，“救赎”包括了他们提出的物理、社会、环境、政治和美学变化等不同主题，范围包含从单方面到复杂的命题，一些建议鼓励新的物理形式，而另一些则侧重于重组组织或政策。在少数情况下，只需要将现实做微小的调整，例如添加堆肥箱以控制回收，而沿着查尔斯河（Charles River）的项目是属于改造整个河岸地区的更大规划的一部分。

这是一种新的规划形式吗？也许是的，工作室故意避免了通常由规划者使用的抽象工具，即城市土地利用或交通工程的统计信息和地图。相反，我们关注的是主观体验的不确定性。然而，终有一天，我们认为能改善剑桥生活体验的许多变化都可以归为城市规划的范畴，很容易想象这种方法协同其他类型的规划或在其之后工作。由于工作室在剑桥成立，我们以“救赎”的公开演讲作为结束。在工作室开始工作的第一天，在学生的敦促下，我购买了“101urbansalvations.com”的域名。所有 107 个项目现在均呈现在该网站，我们正在等待听到公众的看法。

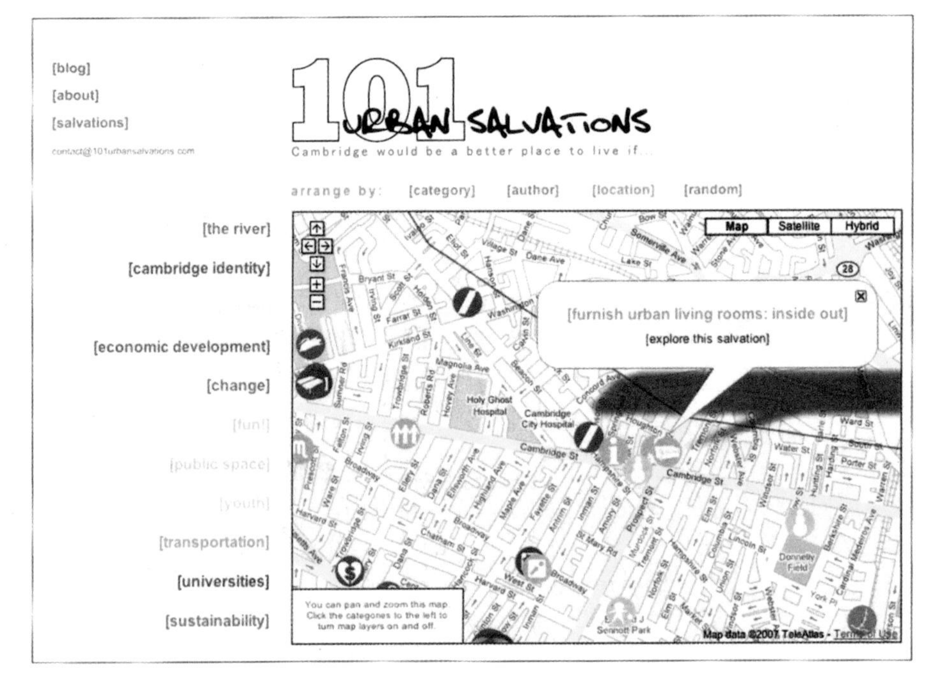

“101 种城市救赎”网站上的互动地图

为小型公共花园寻找土地

堆肥

哈佛：与 CPSD 合作创建一个学习社区

组织一个搬家日——进行驱车旅行捐赠活动

在查尔斯河上浮起一个游泳池

健身：从有氧运动中产生绿色能源

让杂志上的海滩成为一处真正的海滩

使城市信息清晰易懂，供所有人使用

增加屋顶花园

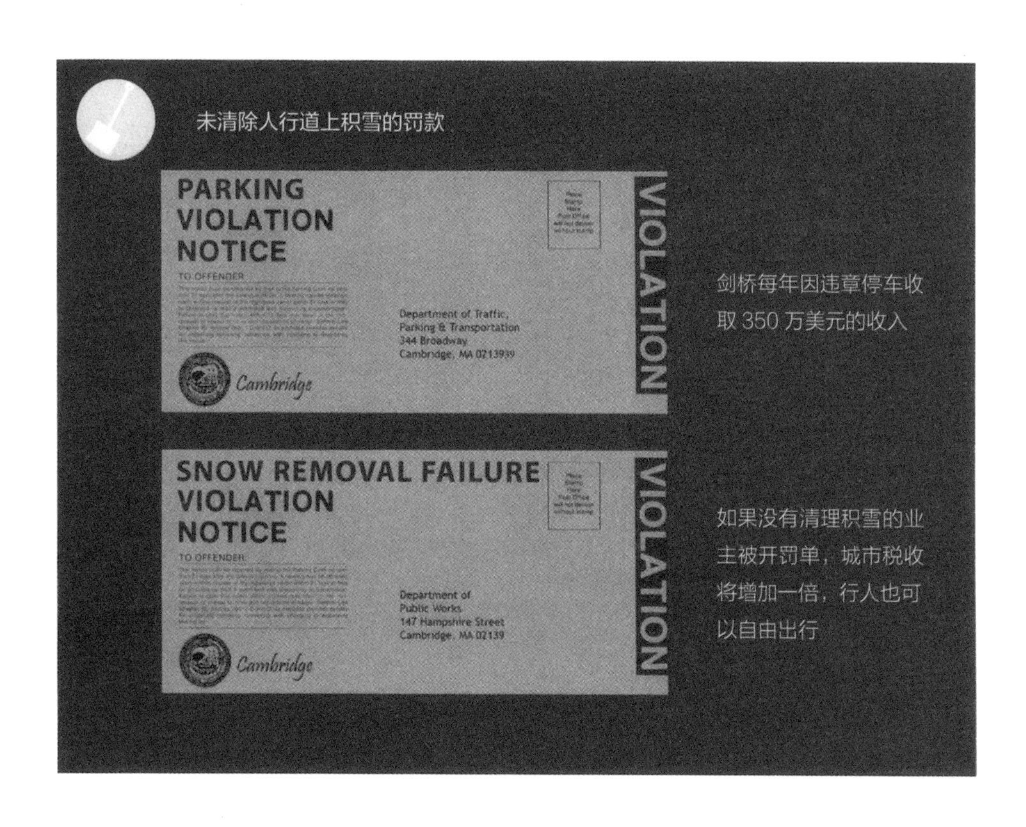
未清除人行道上积雪的罚款
PARKING VIOLATION NOTICE
TO OFFENDER
Department of Traffic, Parking & Transportation
344 Broadway
Cambridge, MA 0213939
Cambridge
VIOLATION
剑桥每年因违章停车收取350万美元的收入
SNOW REMOVAL FAILURE VIOLATION NOTICE
TO OFFENDER
Department of Public Works
147 Hampshire Street
Cambridge, MA 02139
Cambridge
VIOLATION
如果没有清理积雪的业主被开罚单，城市税收将增加一倍，行人也可以自由出行

日常城市设计：面向自动化设计的城市主义

约翰·卡利斯基

日常都市主义是什么？它是一种有组织的城市设计运动吗？它是否能积极影响城市政策及塑造城市？我提出这些设计导向的问题，是因为在约翰·雷顿·蔡斯、玛格丽特·克劳福德和我共同编写的第一版《日常都市主义》中，这一定义是有问题的。当然没有“日常城市设计学校”，每一个城市设计也没有相应的规划管理部门。我知道有少数人在开展明确的日常设计实践。然而，人们仍可以认为“日常”的概念在所有设计师的专业生涯中，仍然只是一个偶尔出现的概念。诚然，这很难形成一个设计运动，日常城市设计最好被解释为一种需要被更好定义的设计态度。

在 2001 年，道格拉斯·凯尔博（Douglas Kelbaugh）写了《三种城市主义和公共领域》（*Three Urbanisms and the Public Realm*）一文，他宣称有三种竞争性的城市主义：新城市主义、后城市主义和日常都市主义。[1] 同时他指出其他有关城市设计的几个方面，包括构造学、环境学、区域主义、历史主义，等等。相反，《日常都市主义》中提到的“日常”，是基于对任何已经明确定义的城市设计实践的反应。[2] 我们正在寻找的是观察城市多样性和对其保持开放态度的方法。我们感兴趣的是在其他设计语言中被忽视的地方和城市体验。我们认为这可能是构建包容性、非教条城市主义实践的起点。道格拉斯·凯尔博在他的论文中阐述了，日常都市主义的贡献在于定义了“城市设计是顺其自然发生的，而不是带有目的性的设计”的结论。鉴于我们有兴趣探索整个城市的复杂性，拥护非专业人士在改善城市环境中的重要作用，以及我们认为专业设计师终将会理解日常生活中产生的城市活力和魅力，我们对上述道格拉斯·凯尔博的结论一点也不感到惊讶。我们很高兴他把我们和那些改变城市设计的人联系在一起。时间证明，他是少数对我们的想法表达出信心的评论家之一。大多数批评日常都市主义的人认为它们与专业设计实践无关。[3]

道格拉斯·凯尔博是三个相互竞争的城市主义的倡导者，实际上他倡导的争论从来不是一场绝对的竞争，而是从争论中不断明晰各自的优点。2001年是新城市主义鼎盛的时候，7年之后它在美国城市设计领域占据了绝对主导地位。它被公众需要，被开发商采用，得到决策者的接受。新城市主义的优势在规划师看来很简单，它提供了直观的空间决策原则，这些原则是可以成像的、令人放心的，并可以广泛传播。新城市主义的吸引力也与其反应能力有关，大部分外来的新概念会被他们迅速接纳，这是一种在实践中不断创造更新的明智策略。比如，非常敏锐的新城市主义者安德烈斯·杜安伊最近宣布有必要考虑在受飓风袭击的新奥尔良建设“退出区”。[4]在这些退出区内，规则将被暂停使用。私人土地所有者和开发商在摆脱政府管制的情况下，将很有可能继续重建工作。在此之前，约2000年的时候，一个由密歇根大学赞助的专业设计团队也提出过这样一种防止底特律萎缩的方案。[5]即坚持让个人从紧张的控制规则中释放出来，以自助的政策振兴社区。当时的市长丹尼斯·阿彻（Dennis Archer）在审核方案时，对该团队的提出的尖桩围栏、传统填充式房屋形式的规定性的模式语言充满热情。

当我再次和安德烈斯·杜安伊讨论这件事时（也许他已经有演变为一个日常都市主义者的可能性），他向我解释道：“你的研究不只是一个工具，也是一个重要的和持续增长进步的东西。”[6]所以在新城市主义的相关技术中，日常实践是非常珍贵的环节吗？从某种程度上来看，答案是：是的。

尽管新城市主义者对日常某些方面有兴趣，但在进行城市设计时，对日常生活的持续兴趣使其在城市设计中难以独树一帜。日常规划和设计的出发点和落脚点总是取决于眼前的各种情况。有没有可能把日常都市主义作为一套城市设计原则的灵感来源，而不必把它强制转化为本质主义的宣言？接下来的想法是试着通过对日常的认知去建立一个城市设计实践。

日常城市设计从尊重塑造社区的日常习俗和周期开始。因此，设计社区的形式和场所最合理的就是通过时间渐进形成设计过程，在日常生活设计的语境中，设计师被要求帮助社区去完成为他们自己设定的形象。在这样的情况下，一个合作的设计框架成为塑造市民及设计师对城市空间的想象的最实际手段。框架中包含的思想通常需要通过建筑规范来使之成形。改变日常生活环境的法律变化，如有机城市化，远远优于大规模清仓的行为。与社区合作的设计师也能从与公众的辩论中受益。总的来说，当一些好的设计受到公众关注的限制时，一些弱势的理念得到了强化。

关于设计，意识到日常生活是一种动力，可以鼓励每一个人平等地去学习传统的、新的、现在的以及过去和未来的存在，优先发展的事项可以因此与创新融为一体。所以，北美的日常城市设计师同时接受并质疑汽车、郊区、独户住宅、购物中心、城市中杂乱无序扩张的地区以及当代城市主义的其他发展物，相信发展中的每一个项目都满足了当时人们的需求，而且所有这些都仍需不断改进，而不是消除的主要对象。改革是城市设计的每一个行为所固有或预期的。在这样的条件下，城市设计变成一个特殊而独特的机会来培育日常生活——几乎不是“不到场的城市设计”。

虽然人们可能会质疑，在现实世界中设计首先需要为紧迫的需求提供解决方案。这一点很难支持所有城市公共空间的体验价值，但我还是更喜欢最初的日常立场，因为我相信它能支持设计的微妙性和复杂性。我相信由这个概念引领的城市设计中的每一个项目都会有不同，它们会被单独的环境所塑造，而不是被普通的设计比喻、主宰或联结。但它们可以通过仔细观察与极度特别和适当的条件缝合在一起。每一个日常城市设计的实现都是独一无二的。

虽然有一个框架来确定由日常塑造的城市设计的潜力是有用的，但是否有具体的地方和原则来体现出这种框架呢？怀着一种思辨，我最近转向关注 Archinect——一个基于网络的设计社区，并询问了虚拟世界里的人，什么是最能表达出日常和日常实践的“被设计”的场所。[7] 有各种各样的回复，例子包括乔恩·捷得（Jon Jerde）策划的购物中心、路易斯·康（Louis Kahn）在萨尔克研究所（Salk Institute）设计的纪念中央法院。一些博主表示通过非正式空间或途径来了解当地场景是最日常、最好的方式。还有人提到在西班牙蒙特色拉特岛（Montserrat），有一个特别的长椅，它旁边是人行道边上人们聚集在一起谈话的空地。雷姆·库哈斯的建筑作品和伦敦的考文垂花园（Covent Garden）都被拿来讨论，还包括加利福尼亚的卡尔弗（Culver）市中心、肯塔基州路易斯维尔市（Louisville）的道格拉斯环，新奥尔良的杰克逊（Jackson）广场和俄勒冈州波特兰的先锋法院广场。辛辛那提大学的摩尔鲁布尔亚代尔（Moore Ruble Yudell）学生中心也被提到，洛杉矶市中心的格鲁夫（Grove）购物广场，其包括科宁·艾森伯格建筑事务所（Koning Eizenberg Architecture）对 Third and Fairfax 农民市场的历史建筑翻新。第三世界贫民窟的活力和洛杉矶市中心贫穷区的活力，各自有其自身的品质，可能不总是舒适的，但其总是与需要被学习的日常经验范围有关。

虽然日常设计的标准并没有通过这次讨论确定下来，但建筑师们的思维也稍稍推动了日常城市设计准则的进步。因此，被提到的地方除了具有包容性等核心原则外，另一个原则是对城市设计和建筑使用时间的认可和预期。其他一些人强调，设计非正式、正式的空间和土地之间的结构，比建筑物本身更加重要。简·雅各布斯的城市建设的概念，和其他的一些城市策略，比如空间脚本等一起被提及。所有这些准则都是日常城市设计的新理论，其超越了狭隘的城市设计绘制思维或对步骤制定的迷恋。建筑师反应的广度构成了一个关键的认知，在设计行动的背景下，日常都市主义构筑了一个真正的中间地带。不同于它同期的新城市主义或后现代城市主义，所有的可能性都可以被同等地看待和审视。

日常平和得让人意识不到应该有一个正式的日常都市主义或者日常城市设计的概念。然而，日常城市设计仍然可以被解释为，一个具有广泛包容性和重要实践性的城市生产方式。其中有三个与日常设计方法相关的概念，以目前的环境利益为出发点，用民主的设计交互去让人接受这些改革的点，并以智慧设计应用去落实日常设计话语的想法和需求。

社区设计必须从现在开始，即使在不存在特殊人类居住模式的情况下，也可以建立一个由现有环境线索组成的无限网络，以指导任何未来的城市化进程。随之而来的城市项目基于以上提法，并且强调改善、改革和改造此时此地的现有状况。城市设计者现在正被日常设想所影响，这并不偶然，它很容易成为创造美好未来的第一个灵感来源。[8]

社区由对城市生活持有不同观点的利益竞争者组成。民主日益被接受用于讨论和塑造邻里、社区、城市和区域发展的工具。[9]城市形态塑造要求城市设计具有灵活性，城市设计师被公众要求提供广泛而丰富的想法和方法。这个过程更像是针对特定客户的个人环境装修，每个人都有不同的意见，而不是设计师在按照普遍的方法进行操作。总而言之，人们希望他们的市区、郊区、交通、高速公路、汽车、主要街道都得到妥善处理，他们希望城市设计师用合作的智慧和态度去表达、教育和创造出适合每一种特殊情况的唯一方法。在这种情况下，城市设计是社区使用设计师的一个机会，通过设计的媒介来找到其在城市的出发点。从本质上看，日常生活需要的是为广大市民实现设计能力和可视化城市表达的设计师，这样才能促进社区做出开放和民主的共识决策。

注释

1 在本文中引用的《三种城市主义和公共领域》采用的是第三届国际空间句法研讨会（亚特兰大，2001 年）上发布的版本。

2 作为志趣相投的个人，我们发起的第一个集体行动是帮助洛杉矶建筑与城市设计论坛组织了一场研讨会。1994 年在洛杉矶当代艺术博物馆由伊丽莎白・史密斯（Elizabeth Smith）策划了一场名为“城市设计、城市理论和城市文化”的展览，寻求在“城市修订”的语境下拓宽城市设计实践范围的讨论。

3 戴尔・乌普顿，“一个不平凡的世界”（*A World Less Ordinary*），载于《建筑》（*Architecture*），2000 年 2 月刊，第 54—55 页。在这篇评论中，乌普顿指出日常都市主义是“最好的建筑伦理学阅读著作，旨在激发设计师站在他们专业性的角度上对政治矛盾保持敏感性，而不是去推进非常具体的设计实践”。

4 安德烈斯・杜安伊，“恢复真正的新奥尔良”（*Restoring the Real New Orleans*），载于《大都会》（*Metropolis*），2007 年 2 月。

5 《密歇根大学在特兰伯尔：转过街角》（*Michigan at Trumbull: Turning the Corner*，密歇根大学 A. Alfred Taubman 建筑与城市规划学院，密歇根州安阿伯市，2000），第 6—11 页和第 32—39 页。由凯莉・卡瓦诺（Kelli Kavanaugh）、道格拉斯・凯尔博、帕特丽夏・麦克赫默（Patricia Machemer）、詹姆斯・辛格尔顿（ James Singleton）、安德鲁・扎戈（Andrew Zago）和我带领学生团队。

6 安德烈斯・杜安伊于 2007 年 2 月 22 日发来的邮件。

7 来自 http://www.archinect.com 线上讨论。感谢所有那些参与帖子讨论的人，感谢他们慷慨又开放的想法。

8 这个概念建立了一个区别于新城市主义的关键不同，其根源是利用先例经验作为未来的灵感来源。

9 来自约翰・卡利斯基，“民主主导：新社区规划与城市设计的挑战”（*Democracy Takes Command: New Community Planning and the Challenge to Urban Design*），载于《哈佛设计杂志》（*Harvard Design Magazine*）第 22 期（2005 年春夏刊）。

编著者简介

约翰·雷顿·蔡斯（John Leighton Chase） 西好莱坞和加利福尼亚的城市设计师。著有《圣克鲁斯建筑的人行道》（*A Sidewalk Companion to the Architecture of Santa Cruz*）、《室外装饰：好莱坞的内外改建住宅》（*Exterior Decoration: Hollywood's Inside Out Houses*），已经论文集系列《闪烁》（*Glitter*）、《灰泥》（*Stucco*）、《垃圾搜寻》（*Dumpster Diving*）等。

玛格丽特·克劳福德（Margaret Crawford） 是哈佛大学设计研究院城市设计与规划理论的教授。著有《建造工人的天堂：美国公司城镇的建筑》（*Building the Workingman's Paradise: The Architecture of American Company Towns*），编有《汽车与城市：汽车与洛杉矶的日常城市生活》（*The Car and the City: The Automobile and Daily Urban Life in Los Angeles*）。

沃尔特·胡德（Walter Hood）是加利福尼亚州奥克兰的城市景观和建筑设计公司 Hood Design, Urban Landscape and Site Architecture 的负责人，加利福尼亚大学伯克利分校景观建筑学院副教授，著有《城市日记》（*Urban Diaries*）。

莫娜·霍顿（Mona Houghton） 居住在洛杉矶，是一名散文和短篇小说作者。她在加利福尼亚州立大学教授创意写作，并在《卡罗莱纳季刊》（*Carolina Quarterly*）、《交流与碰撞》（*Cross Currents*）上发表了小说，著有新诗集《任何人皆有可能》（*Anyone is Possible*）。

约翰·卡利斯基（John Kaliski） 是位于加利福尼亚圣莫尼卡的一间建筑和城市设计公司"城市工作室"（Urban Studio）的负责人，在南加利福尼亚建筑学院城市研和设计工作室任教。

丹尼斯·基利（Dennis Keeley） 曾是一名在洛杉矶工作超过二十年的艺术家和摄影师。他的摄影集《在美国寻找城市》（*Looking for a City in America*）曾获得过许多奖项。在加利福尼亚大学尔湾（Irvine）分校和加利福尼亚艺术学院教授摄影。

芭芭拉·科什布莱特－金布利特（Barbara Kirshenblatt-Gimblett）是一位民俗学家和美国民俗协会前主席，纽约大学表演系教授。她的写作涉及民间传说、民族志和方言学等多个方面。

诺尔曼·米勒（Norman Millar）是在洛杉矶执业的一名建筑师。任教于南加利福尼亚建筑学院的设计工作室，组织并协调社区实践和研究（Community Practice and Research）项目。

米歇尔·普罗沃斯特（Michelle Provoost）是鹿特丹深红建筑史学家工作室（Crimson Architectural Historians）的负责人。

詹姆斯·罗哈斯（James Rojas）是一名城市规划师、艺术家、社区活动家，以及拉丁美洲城市论坛（Latino Urban Forum）的创始人。他住在洛杉矶市中心。

卡米洛·何塞·维加拉（Camilo Jos é Vergara）是一名住在纽约的纪实摄影师和作家，《新的美国贫民窟和美国废墟》（*The New American Ghetto and American Ruins*）的作者。

菲比·沃尔·威尔逊（Phoebe Wall Wilson）是加利福尼亚州帕萨迪纳市（Pasadena）菲比·沃尔·威尔逊联合事务所的负责人，该事务所从事建筑、景观和城市设计工作。她也是帕萨迪纳市规划委员会前主席。

图片来源

Christopher Alexander et al., *A New Theory of Urban Design*: 99
Edmund N. Bacon, *Design of Cities*: 98 左
Jonathan Barnett, *Urban Design as Public Policy*: 98 右
Peter Calthorpe, *The Next American Metropolis*: 102 右
John Chase: 55, 58, 61, 62, 65, 66, 68, 117, 119-121
Margaret Crawford: 28, 30, 33 上 , 34, 35
Courtesy Crimson Architectural Historians: 209, 210, 212, 214, 215
Andres Duany and Elizabeth Plater-Zyberk, *Towns and Town-Making Principles:* 102 左
Julie Easton: 33 下
Stephan Engblom: 189
Michael Ferguson: 184
Victor Gruen, *The Heart of Our Cities*: 95
Graduate School of Design, Harvard University: 218-223
Walter Hood: 163, 164 下 , 165 下 , 166 下 , 167 下 , 168, 169, 171-174, 176-179
Courtesy Jerde Partnership: 96
Dennis Keeley: 3, 38, 39, 41-47, 49-53, 90-91, 111
Rem Koolhaas and Bruce Mau, *S, M, L, XL*: 104
Le Corbusier, *Ville Radieuse*: 93
Martin Leitner: 186, 189, 191, 193
Kevin Lynch, *The Image of the city*: 100
Norman Millar: 142, 143, 146, 147, 149-151, 154-156
Catherine Opie: 184
Courtesy Public Architecture: 202, 204, 205, 207
James Rojas / John Leighton Chase: 195, 197-201

Michael Stebbins: 186

Denise Scott Brown, *Urban Concepts*: 101

Camilo José Vergara: 70, 73-87

Lew Watts: 162, 164 上, 165 上, 166 上, 167 上, 175

Henenu Webster, *Modernism Without Rhetoric*: 94

Phoebe Wall Wilson and Paige Norris: 125, 129, 131-133, 135-139

译后记

日常都市主义作为一种美好生活的城市发展范式

陈煊

由约翰·雷顿·蔡斯、玛格丽特·克劳福德、约翰·卡利斯基共同编著的《日常都市主义》初版于1999年，再版于2008年。我第一次接触到这本书是在2010年，着手准备翻译中译本始于2015年，初稿是2017–2018年我在加利福尼亚大学伯克利分校环境设计学院的博士后工作期间完成的，于2020年修改定稿。

在翻译校对过程中，玛格丽特·克劳福德教授已年逾70，但每一次讨论，她都能帮助我慢慢梳理出城市设计发展的日常理论脉络。她近十年来一直奔波于中美两国，不断践行城市调查并发现了日常都市主义在中国的丰富内涵。20年过去了，这与原著以洛杉矶这一城市作为讨论和研究的基础非常相近。编著者们将美国近半个世纪以来规划干预的城市项目进行了总结，提出了现代化城市所普遍面临的新挑战。该书在美国的出版引发了业界巨大的反响和广泛共鸣，道格拉斯·凯尔博将“日常都市主义”视为当代城市主义的三大主流范式之一。日常都市主义提供了一个似乎出人意料，但又和大多数人有关的概念。提出日常生活的概念，其更大的意义在于其映射的一套新的城市设计价值观。如果说日常都市主义仍然指定一种设计策略，那么它已成为一种描述已被接受的、积极的日常城市空间和活动的术语。

我在整个阅读翻译过程中不断穿梭于中美两国不同城市之间，调查了原著中描述的伟大地区，对作者在书中描绘的故事感同身受，更常常被其打动，对于该书的喜爱不仅在于大洋彼岸美国人民在空间实践中的真实故事，还在于这与中国人民在空间中的实践如出一辙。作者对美国普通老百姓日常生活的关注来源于对美国当下城市设计现状的批判性思考。基于实证的理论总结给了当下译者在中国的学习和教学工作以警醒，细细品来，在开发商的情怀和大师的梦呓敦促下，中国的城市已经被若干次的“远见”糟蹋致残，对于人文的关怀似乎也成了每次蹂躏的幌子。在长期累积的对于城市美与不美的讨论中，译者常常感到疲倦。因为在给美与不美下结论之前，讨论者本身仍对城市中人的丰富生活视而不见。希望在未来中国城市中的日常文化和实践能被更多人发现，即使日常都市主义所带来的深远影响早已被全球社会、经济、文化、政治领域所广泛关注（Schneider and Enste, 2000; Schneider, 2005, 2007; Buehn and Schneider, 2012; Elgin and Oztunali, 2012）。

本中文译本的出版对我国城市设计的基础理论、设计方法、文化保护方面都将意义非凡，甚至可以说是一本颠覆性的著作。我在《国际城市规划》2019 年第 6 期就日常都市主义在中国的发展进行了专辑组稿。希望与编著者们一起将日常都市主义这个话语带入 21 世纪，审视这一方法在未来中国所面临的挑战、实践的可能，甚至是批评性的反应，这都是编著者和译者极其希望看到的，我们希望可以影响到中国一些地方的发展和影响到一些人，并为中国城市美好生活的发展方式提出一种设计可能。

著作权合同登记图字：01-2021-5037号
图书在版编目（CIP）数据

日常都市主义 /（美）约翰·雷顿·蔡斯，（美）玛格丽特·克劳福德，（美）约翰·卡利斯基编；陈煊译.—北京：中国建筑工业出版社，2021.9
书名原文: Everyday Urbanism
ISBN 978-7-112-26349-3

Ⅰ.①日… Ⅱ.①约… ②玛… ③约… ④陈… Ⅲ.①城市规划—研究 Ⅳ.①TU984

中国版本图书馆CIP数据核字（2021）第140745号

Everyday Urbanism
Edited by John Leighton Chase, Margaret Crawford, and John Kaliski

ISBN 978-1-58093-201-1

责任编辑：戚琳琳　孙书妍
版式设计：锋尚设计
责任校对：张惠雯

日常都市主义
EVERYDAY URBANISM
［美］约翰·雷顿·蔡斯　玛格丽特·克劳福德　约翰·卡利斯基　编
陈煊　译
*
中国建筑工业出版社出版、发行（北京海淀三里河路9号）
各地新华书店、建筑书店经销
北京锋尚制版有限公司制版
临西县阅读时光印刷有限公司印刷
*
开本：787毫米×1092毫米　1/16　印张：14¾　字数：218千字
2021年9月第一版　　2021年9月第一次印刷
定价：**168.00**元
ISBN 978-7-112-26349-3
（37790）